你为什么不快乐

写给年轻人的快乐心理学

晗翌 著
HAN YI WORKS

北京联合出版公司
Beijing United Publishing Co.,Ltd.

图书在版编目（CIP）数据

你为什么不快乐：写给年轻人的快乐心理学 / 晗翌著.— 北京：北京联合出版公司, 2018.4（2023.12重印）

ISBN 978-7-5596-1580-0

Ⅰ. ①你… Ⅱ. ①晗… Ⅲ. ①快乐–青年读物 Ⅳ. ①B842.6-49

中国版本图书馆CIP数据核字（2018）第013825号

你为什么不快乐：写给年轻人的快乐心理学

作　　者：晗　翌
出版统筹：朱文平
责任编辑：李　征
特约编辑：汪　婷
特约监制：徐均成
封面设计：ABOOK壹书工作室 碧瑟 Design 463647287

北京联合出版公司出版
（北京市西城区德外大街83号楼9层　100088）
印刷：三河市金泰源印务有限公司　　经销：新华书店
字数：200千字　　开本：710×1000　1/16　　印张：14
2018年4月第1版　　2023年12月第2次印刷
ISBN 978-7-5596-1580-0
定价：39.00元

序言

一切心理问题都是人际问题

小时候看电视剧《封神榜》，有一幕印象特别深：还是诸侯的周文王被商纣王囚禁时，曾被逼吃下用自己儿子的肉做成的肉饼。

看完有两个感受：第一，商纣王太惨无人道；第二，周文王真能忍，这种忍法，非常人能匹敌。

长大后，对这一幕有了新的认识：商纣王确实手段残暴，但这种残暴在当时并不是不能接受的；周文王是很能忍，但他需要克服的心理障碍，远比我们现在理解的要轻很多——毕竟那是一个可以把活人当作牲口、当作殉葬品的社会。他们更崇拜祖先，因此，在他们的价值观里，“人肉饼”这样残忍的行为带来的恐惧并没有我们今天想象的那般可怕。

我们都是社会大环境中的人。社会决定我们的认知，认知决定我们对待事物的态度，态度决定了我们的情绪、行为。当我们的认知、态度、价值观和当下的时代不一致的时候，我们就开始痛苦、焦虑、沮丧、恐惧。而这正是我们不快乐的源泉。

时下的“以瘦为美”好，还是唐朝的“以胖为美”好呢？古人追求的“君让臣死，臣不能不死”对，还是今天倡导的“法治社会，人人平等”对呢？

其实无分对错，每一种价值取向都是它所在的社会的必然产物，都有其一定的适应性。而我们所追求的成功，某种意义上，也是对这个社会的迎合。换句话说，即便是天才，如果身边绝大多数人不认为其与众不同，那么他也不能被冠以这个称呼。

比如说《红楼梦》中的林黛玉，寄人篱下、多愁善感的她多次展露诗才，力压众人，但这份优秀并不为那个“女子无才便是德”的社会所推崇。因此即便贤德妃贾元春再欣赏她的诗才，但还是认为世俗圆融的薛宝钗更适合做贾家的媳妇儿。因为在那个时代，比起会作诗，“行为豁达，随分从时”的女性比一个“孤高自许，目无下尘”的姑娘更受人尊敬和喜欢。实际上，薛宝钗的学问并不逊林黛玉，只是她不在这方面争强好胜罢了，因为她知道怎样能够更好地和这个社会共处。因此在贾府中，她的人缘也比林黛玉好。相反，离开了社会支持的林黛玉，最后不仅失去了婚姻，还抑郁而终。

个体是离不开社会的，个体的价值感也不可能离开社会存在。人人都在追求属于自己的优越感和价值感，而这种价值感取决于人们赋予生命的意义。如果你和他人赋予的意义一致，便没有问题，否则就会痛苦——来自孤独、不被理解、不被接纳的痛苦。而这种痛苦往往伤害巨大，因为它动摇的是我们最基本的归属需求。很多心理学家甚至认为：人的一切心理问题其实都是人际关系造成的。

事实上，与其说是大家背叛了林黛玉，不如说是她自己亲手毁了这一切——她不知道如何适应她所在的社会。她沉浸在自以为的寄人篱下的孤立环境中自怜自艾，却不通过与他人建立联系来走出困境。她一心只以为全世界背叛了她，却没想过，在此之前，包括贾母在内的贾府众人，都曾将她视作宝二奶奶的不二人选。

可怜，可惜，亦可叹。正如著名心理学家阿尔弗雷德·阿德勒所说：能够成功应对生活难题的人，似乎都明白生命的意义在于懂得关注他人，与他人合作；在遇到困难时，能用不损害他人利益的方式解决。林黛玉正是没能明白这一点，让她失去了一切，包括她的快乐和幸福。而如何更好地和这个社会相处，如何做到在人际交往不畅时减轻痛苦，正是本书中重点阐述的内容。

由于本人所学终归有限，难免会有疏漏。我只愿用最真诚的态度将我实战过的有效、实用的方法分享给各位，希望能够为同样不快乐的人们找到一个“救心圈”。

是为序。

晗翌

目录

第一章　我战胜了躁郁症

大一那年，由于持续性减肥，我出现了严重的饮食障碍反应。饮食障碍背后伴随的是情绪障碍。我的情绪时而亢奋，时而抑郁，时而又折腾着自杀。后来人家跟妈妈说我有病，建议送我去精神病医院。

第二章　欲快乐，先破执

我们的自尊太脆弱，一不小心，便染上了执念。

第三章　你可以决定你的人生

我们都能活出自己想要的样子。

第四章 亲密关系，我们成年后的发育加速期

在亲密关系中，我们都是受伤的孩子。

第五章　化解冲突，没那么难

同一件事，不同的人会有不同的版本。而人一旦有了立场，就只会为自己的立场服务。试图让对方认识到自己错了，以期他能改变，只能无功而返。

第六章　不可不知的人性

人性的深处，总有一些不可明说的东西，一旦有了合适的土壤，就会蔓延生长。

第七章　这个世界，没那么简单

以为自己没有偏见，恰恰是我们最大的偏见。

第八章　和世界和解，和自己和解

忍得我快疯了，我还要继续忍吗？

后记

第一章

我战胜了躁郁症

大一那年，由于持续性减肥，我出现了严重的饮食障碍反应。饮食障碍背后伴随的是情绪障碍。我的情绪时而亢奋，时而抑郁，时而又折腾着自杀。后来人家跟妈妈说我有病，建议送我去精神病医院。

精神病医院的21天

我是被妈妈送入精神病医院的。

当时，我无论如何也没有想到，送我进去的竟然是我的妈妈。

父母在我六七岁的时候便离异了，我由妈妈抚养。由于小时候家里经济条件不好，加上家庭的不完整，妈妈总觉得亏欠我，尤其是在我长大，家庭经济条件好起来以后，妈妈更是在物质上各种“补偿”我。妈妈总是告诉我，我就是她的一切，她是为我而活的。

我怎么能够想到，这个爱我胜过爱自己的妈妈，口口声声说我就是她的命的妈妈，没有我就活不下去的妈妈，会把我送进精神病医院。我在心理上无法接受这个事实。

刚住院的时候，我愤怒极了，也顽强抵抗。我不认为自己有精神病。因为在我的印象中，精神病应该就是一些做出怪异动作和行为，甚至都没有自知力的人。但我不同，我清楚自己在做什么，甚至我也知道什么该做，什么不该做。只是我的情绪，我控制不住。

我依稀记得是被绑进去的。任我如何要死要活，哭天抢地，都没有作用，医生和护士根本不会理会我的情绪，他们只管收我。实在闹腾得不行，就给我的手脚加了绳带，绑在床边，固定在床上——名曰：约束（绝大多数进来的人，都会经历这一段）。

住院那天是2011年2月11日。

我这辈子也无法忘记这个日期，那天是腊月二十九。

我从来都没有如此绝望过。纵使我不信任任何人，但我从来也没有不信任过妈妈。但她却接二连三地打破了我对她寄托的幻想。

刚被送进医院时，我只当她是吓唬吓唬我。心想，反正就是住一晚嘛，没什么大不了，我就和你杠上了。我平白地相信这样一个期限——这只是一个晚上。

在我们的观念中，过年是很重要的事情。第二天就是大年三十，如此重要的节日，她断然是不会让我一个人在这儿的，她一定会接我出去。我是如此坚信。

但是，我在医院度过了大年三十。

后来，要开学了，我想，妈妈总不会不让我去上学吧。于是，我又平白地以为：二十天（还有二十天开学），还有二十天就出去了。

我索性既来之则安之，把医院当成我的书房，我让家人送来一些心理学的书籍，一边学习，一边记着日记。心想着，出去后，我一定要起诉医院，我要证明，你们是过度医疗——把我这样的正常人当作患者“治疗”。

可是，二十天后，我被休学了。心中尚存的几个幻想，就这样逐一破灭。

我傻了，真的傻了。突然间不想看书，也不想记日记，完全失去了斗志。想起一句话：不怕痛苦，就怕不知道为何而苦。

是的，我终于明白，能将一个人摧毁的从来不是痛苦，而是让你看不到希望。对于出院这件事，我彻底不抱有希望了，挣扎也随着失去的希望，一并消失了。甚至几度，我以为我这一生就此结束了。当然，生命是不会结束的，因为医院不会让我死。

我只能如行尸走肉，一日一日度过。

虽然窗外就是世界，但在这个被隔离的世界里，我几乎找不到一个能说话的人。

我的四周，绝大多数人都行为怪异，举止异常，就像我们印象中的精神病患者一样：

我的右对床是一个看起来四五十岁的女性，她在吃饭吃药前总会不自觉地手抖、抽搐，一边吃饭还一边翻白眼儿，她不太说话，眼神也很呆滞，而且半夜小便不会直接去厕所，而是要用自己床下的脸盆接尿，之后再去厕所倒掉；我的左对床是一个二十出头的姑娘，她白天的活动是放声高歌，选曲多如《走进新时代》一类的民歌，她唱得开心了，常常还会手舞足蹈，或是在走廊里扭来扭去，有点儿像走猫步，如果你关注她，她会兴奋地对你说“我未来是要当明星的”；还有一个30多岁、剃着小平头的女患者也给我留下了很深的印象，她说话常常很有感染力，语词清晰，还特别“积极向上”，比如过年那几天，她总对着其他患者说，“陈医生是个好大夫，过年都在这里陪我们，我们要听话……”，比如她爱人来看她时，给她送了巧克力（虽然医生禁止了直接探望，但将巧克力转交给了她），她便声泪俱下，颇为感动，又兴奋地向周边人说“我老公很爱我的……”，但过一会儿她又神经兮兮，有点儿窃窃私语地对别人说，“我老公在外面会不会有别的女人？”

我自以为和她们是不一样的，因此也和她们没有什么交流。内心的苦闷无法诉说，心里变得空虚和无力。我第一次如此清晰地意识到，社会、人际，对人是有多么重要。

我太渴望离开这儿了。但我不知道，我还能依靠谁。四周还能听懂我说话的人大概就只有医生和护士了。我问护士：“我什么时候可以离开？”护士说："等你好了就可以出院了。"我说："我觉得自己挺好的呀。"护士便有些哄小孩似的对我说："要医生说你好，才算好了。"

于是，我就天天巴望着见到医生，然后询问："我什么时候可以出院？"

医生一般只有早上查房的时候才来，所以，每次见到他，他都像一个大忙人一样，对我的问题置之不理，只是扔给我一句，"忙着，以后再说"。

医生总是很忙。"忙"到挤不出半点儿空来和我这个"病人"交流。甚至于对我病情的诊断，他几乎没有通过言语和我交流过，信息多半儿来自妈妈对我情况的描述，以及七七八八的各种身体检查指标。

自然，我得了什么病，在住院期间，我是一无所知的。也许这是因为医生们在精神病医院待久了的缘故，他们见惯了太多没有自知力的病人，也就惯性地将我当成是个没有自知力的精神病人，而剥夺了我的知情权吧。

不过，出院后，通过妈妈，我得知当时医院对我的诊断是神经性贪食症以及双向情感障碍。

神经性贪食症属于一种进食障碍，指不可控制地多食、暴食。患者极度怕胖，对自我的评价常受身材及体重变化的影响。经常在深夜、独处或无聊、沮丧和愤怒的情境下，顿时引发暴食行为，无法自制直到腹胀难受，才可罢休。暴食后虽暂时得到满足，但随之而来的罪恶感、自责及失控的焦虑感又促使其利用不当方式（如催吐、滥用泻剂、利尿剂、节食或过度剧烈运动）来清除已吃进的食物。而双向情感障碍则是属于心境障碍的一种类型，指既有躁狂发作又有抑郁发作的一类疾病。

这个诊断结果，我也是认可的。只不过，由心理问题引发的疾病，单靠吃药就能好吗？我的经历告诉我，很难。

我是如何患上精神疾病的

通过后期对心理学相关知识的学习，并自省反思，我知道我之所以出现精神问题，与我的成长经历是分不开的。

在我六七岁时，父母离异了，我由母亲抚养。家庭的不完整，让我在某种程度上，有了强烈的不安全感。我害怕被遗弃，害怕被孤立，害怕被拒绝。

与此同时，我的内心还根植了一种叫“自卑”的东西——我的家庭不完整，我不像其他孩子一样有爸爸妈妈的疼爱，具体表现为：我不敢让别人知道我父母离异。我害怕和别人不一样。

天生的敏感气质，在没有安全感以及害怕被孤立的内心体验中，被激发得愈发强烈。我敏感、多疑、不自信，对旁人的一举一动、一颦一笑，都会过分在意，以致过分解读。

为了赢得他人的喜欢，我常常做些违背自己意志的事情，比如，在别人家做客，即便饭菜再不可口，我也会强迫自己吃下去。当然，也许会趁大人看不见的时候，又偷偷吐掉。

然而，正如很多刻意讨好他人的人一样，越是渴望他人的关注，就发现自己越难得到别人的关注。这一点在我升入初中后表现得更加明显。

我所在的初中是一所省重点中学，而我所在的班级，更加厉害了，它叫“直升班”，就是初中高中连读的那种，里面的同学都是通过一层层考试选拔出来的，个个成绩优异，在小学都是拔尖儿的主儿。

在这样的环境里，我自然就落寞了。我在班级的成绩排名居中，长得也不太好看，也没有什么社交能力，于是，我不仅是班级的小透明，还是被班级里一些调皮的男生戏弄的小可怜。我印象最深的一次是，一个深受老师喜欢的男同学撕掉了我的作业，结果他非但没被老师惩罚，反倒是我被老师说小题大做。

天知道我有多委屈。

我不知道我错在哪里。但直觉与经验告诉我，老师之所以喜欢这个调皮的男生，就是因为她觉得这个男生“聪明”，因为他总是不需要怎么努力，就可以获得很好的成绩。

正如阿德勒说：自卑情结总是会造成紧张，所以争取优越感的补偿动作必然会同时出现。我的补偿动作就是：我要变成好学生，我要成功给你看，我要争这口气，我要让当时瞧不起我的、阻碍我的人后悔！

而这为我日后的心理问题埋下了伏笔。

升入高中后，我似乎得到了上天的眷顾，第一次月考便考了班级第一，而此后老师对我的另眼相待以及同学对我的曲意奉承，让我越发明白了这个道理——一切要用成绩说话。

自此以后，我便开始用分数来寻求存在感，患上优越强迫症。我不允许自己一点点的失误，我强迫自己必须考第一。因为第一名，可以让老师关心，让同学羡慕，让家长骄傲。

一念天堂，一念地狱。好好念书本不是坏事，但过分在意成绩和结果，就变成了灾难。考试本来就有其不确定性，人人都有没考好的可能，而我却无法接受这个事实。

我怕考不好，最初是强迫自己必须做尽所有习题，通过比别人付出更多时间来获得好成绩的稳定性。后来发现在做题方面，我已经无法腾出更多时间了，为了避免出现差池，我便把注意力放在考前一定要喝咖啡上面，仿佛这咖啡能赋予我神来之力，仿佛我能考好，都依赖这咖啡一般。

事实上，我很明白，把考好和喝咖啡联系起来是多么荒谬的事情，我也知道我之所以这么做，就是试图做些可控的事情（如喝咖啡），来消除（事实上无法消除）或安抚自己对于考试不确定的恐惧。

从强迫喝咖啡到后来强迫一定要走某条路回家，一定要买某种铅笔，用某种橡皮擦，我的精力被这些事情消磨殆尽。

做题的时间越来越少，心情也越来越焦虑。终于，我的高考成绩离模拟考成绩差了很多，更刺激我的是，那些曾经欺负、挖苦我的男生，居然个个考得都比我好。

我这些年的努力究竟算什么？我这么努力，为什么最后还是功亏一篑？！失意的高考成了我的心魔。高三暑假，我对自己的大学生涯做了详尽的规划：大一要过四六级、要积极参加社团、要积极考证，要兼职积累社会经验，同时，准备考研或为出国深造做准备。

为了腾出更多的时间来完成计划，我每天5点起床晨读，不上课的时间便在图书馆里看书，晚上11点回宿舍睡觉，而周末、节假日便在一家补习学校做英语老师。这样的生活让我觉得充实，好像每天都在提高，但另一方面，我和舍友的距离越来越远，她们说：“宿舍只是你睡觉的地方。”当然，最严重的是，她们认为我的作息影响了她们的休息。

与舍友的不和，让我深深地感到不被理解。大学生活是以宿舍为单位的，可我却很少与舍友同出同进。有些好事者会问舍友：“她好像不怎么和你们在一起。”

舍友会回答：“她总是很忙。”

如果好事者继续问原因，舍友的回答一般都是："我也不知道她在忙什么，她总是独来独往，不太合群，有的时候，还影响我们休息。"

我不合群的名声传开了。与之相伴的是，我的烦躁、郁闷的情绪也逐步波及开来，直到我也慢慢远离了班级。

下场是——更多同学认为我不合群。我突然发现原来单靠成绩并不能获得关注。

我开始和自己较劲。我要变得更加优秀，各方面都要很优秀。只有这样，大家才会喜欢我，我这样以为。

当时，我的专业成绩算得上是优秀了，还有哪里不够完美呢？大概就是还不够苗条吧！受到大众传媒的影响，那段时间，我竟然莫名地认为纸片人比较美！

我开始节食。长期的节食终于让我患上了厌食症。

行为障碍必然带来情绪障碍。我耻于向外界诉说我的痛苦，外人也自然难以理解我的怪异行为。最终，我离人群更远了。

缺少社会支持，内心不被理解，我彻底崩溃。

2010年12月，我在QQ签名上写上了：跟随富士康的节奏（当时富士康出现了六连跳事件）。

"你女儿有问题，她要自杀，她可能有抑郁症。"事情变得更糟了，辅导员请了家长，妈妈连夜从老家赶到学校，出席这场不太光彩的家长会。

紧接着，到了寒假，在家里妈妈盯着我的一举一动，尤其将我的饮食问题放到了第一位，在她的监督下，我从厌食症变成了暴食症。

暴食症和厌食症的区别是，厌食症根本不吃东西，而暴食则是间歇性断食，随后暴食。在暴食后，我的情绪会异常波动，恨自己多吃，恨自己无法自控，最后痛苦到以头抢地。

妈妈吓坏了，于是，在这个寒假，把我送进了精神病医院。

唯有利他，才能走出泥潭

三月初，我出院了。

我不知道医生到底凭借什么诊断标准，认定我必须住院或认定我可以出院。

出院后的我，情绪并没有得到多大的改善，但身上的肉倒是多了一圈又一圈。不到半个月的时间，我长了20斤。这20斤肉并不是均匀分布在身上的，而是堆积在了腹部。我的四肢依然纤细，而我的肚子却像一个快要临盆的孕妇（据说，是药物的副作用）。

站在镜子前，我害怕极了。天啊！我是一个这么在意外表的女孩，居然变得这么丑陋。简直丑出了我有史以来的新高度。

我不敢看镜子了，我也不敢复学。我想要瘦下来，至少肚子缩回去一些再复学。这一次，妈妈也认为我真的胖了。于是带我见了各种医生，尝试了中药调理，以及针灸调理，但效果并不明显。

于是，我又跑去健身。成天成天待在健身房跑步。还找了一个私教，指导我减肥。

半个月的时间，我的肚子虽然还是突出一块，但明显比出院时小了，穿上宽松的衣服，也不会显得特别突兀。更令人惊讶的是，对于食物，虽然我还是会有暴食的症状，但暴食后焦虑的程度显然降低了很多。

由于和学校约定的复学时间到了，我不得不回到了学校。同学诧异：欸，你怎么胖了这么多？

我很尴尬，不知道该如何回应。我能说是去精神病医院住院了吗？显然不能。我只好敷衍："家人带我调理了。"

也许胖点儿是比我之前骨瘦如柴的样子好，但这种浮肿的身材，大概也真的并不好看。同学用安慰的语气说："总比以前好。"

刚进大学的时候，我立志一定要认真读书，充实提高自我。但回校后的我，显然没有了大一那一年的学习动力。

我变得懈怠了，连上课都会分神。大一的我，成绩总是在班上前三，而回校后的我，有几次考试甚至差点儿挂科。

不过，在惯性下，我依然按时学习，比如每天早上五点，我会去操场上晨读。晨读的时候，我常常会遇见几个晨练的姑娘。她们胖胖的（至少比我胖）、圆滚滚的身材，在我的概念里真算不上好看。但有好几次，我是那么羡慕她们。

她们大约是认识的，组了个团，相互监督鼓励，有的时候跑累了，她们也会相互逗趣调侃。有的时候，我会听见她们相互吐槽，自己或者对方又胖了。一言一语中，我能够听出失落与烦恼，但那是正常的青春烦恼，她们那种鲜活的青春气息，深深地打动了我。

反观自己，我曾经达到了我想要的一切目标。但因为这些目标中充满着偏执，最终这种偏执刺伤了自己。

这个时候的我，甚至有些萎靡，打不起精神。别谈高效的读书学习，连正常的活力都没有了。

我也想变得苗条，我也想变得优秀，我的这些理想和抱负和他人并无差异，为何有人因此积极进取，而我却成了精神障碍患者呢？

随着我病情逐步好转，随着我对心理学的深入学习，这个答案慢慢浮出水面：唯有利他的进取，才能走出泥潭。

我走出精神障碍，并不是一蹴而就的。它在时光的流逝中，悄然发生。

后来，我谈了恋爱，虽然这段恋爱最终以分开告终。但不得不说，当自己感受到被爱和被接纳时，心里会平和很多，功利的进取心，会消退很多。

再后来，随着心态变得平和，我将自己的情况试探性地告诉了一些同学：我有病——当时请假休学，并不是简单的调养身体，而是住进了精神病医院。结果是，我此前所担心、害怕的被排挤并没有发生，相反，我感受到了同学们的接纳与包容。他们甚至也理解了我从前的种种行为。

这些方式，最初并不是我刻意为之，却在我身上发生了奇妙的化学作用。后来，在学习心理学知识的过程中，我才意识到，原来这些方式并不是巧合，而是真的有其道理。

压力是如何影响我们的

首先必须明确一点，压力是由压力源和压力反应共同构成的一种认知和行为体验过程。换句话说，让你感到烦恼、焦虑的人或事，对另一个人而言，可能并非如此。

从压力源出现到表现出不良的情绪行为，通常都需要经过中介系统的增益或消解。这种中介系统包括个体的认知系统、社会支持系统、生物调节系统的作用：

压力源→认知系统、社会支持系统、生物免疫系统→心理、行为、生理反应

举个例子，接到一个告知你中了五百万元大奖的电话，有些人可能会欣喜若狂，有些人可能会担心这是否是诈骗，还有些人可能会非常头疼，仅仅是因为想到中大奖后要如何避免被人瓜分。在这个例子中，中奖这件事就是压力源，而各种不同情绪行为反应就是由我们的不同认知模式造成的。

再比如，同样是被老板炒了鱿鱼，如果身边有人给予实质或精神上的支持，这件事对你的打击可能就没有那么大，而这件事如果放在一个缺乏社会支持系统的人身上，这个打击的程度可能就要放大很多倍。这就是社会支持

系统对压力源的增益或消解作用：感到被理解、被接纳、被关心的人总是能够更好地应对压力事件，而内向、孤独、朋友少的人总是会在压力来临时，被轻易击溃。

再比如，一个身体强壮、健康的人，碰到压力事件，可能并不会有太明显的反应，而一个体弱多病的人，很可能会瞬间崩溃。事实上，生物调节系统，作为压力的中介系统，是最主要的免疫系统。有研究显示，学生在压力很大的情况下，免疫球蛋白减少，上呼吸道感染的机会增多。还有研究显示，男性丧偶后，T淋巴细胞降低，这种情况使丧妻的男性很容易患病，老年丧妻者，甚至在丧妻后不久也会去世。

因此，我们若想要保持心理和生理的健康，就必须在建立正确合理的认知系统、完善的社会支持系统、良好的生物免疫系统上做文章。

说完中介系统对压力的作用，我们再回头谈谈压力。按照压力源存在的时间长短，我们可以把压力分为急性压力和慢性压力两种。一般来说，生活中的任何变化都是我们的急性压力源，这类压力的诱因持续时间短暂，有明确的开始截止时间，像亲人亡故、工作面试、结婚、升职、中奖等都是急性压力源（没错，好事也会产生压力）。

和急性压力相对的是慢性压力，这是一类似乎没有尽头的且不可避免的压力。比如，糟糕的婚姻、极度繁重的工作、三班倒等连续变换生物钟的工作方式。有时，慢性压力是急性压力或阶段性压力的结果。慢性压力所带来的影响也远远超过了急性压力，如果长期无法适应或摆脱，就会造成身体的衰竭甚至死亡。

此外，压力源有时单一出现，有时也会叠加出现，包括同时性叠加出现和继时性叠加出现。一般来说，单一性生活压力后效往往是正面的，大多有利于提高人们未来应对压力的能力，而叠加性压力则会给我们的身心造成不良影响。

心理学家霍尔姆斯设计的“社会再适应评价量表”就很好地说明了压力对个体的影响。这是一个包含了许多项目的百分量表。在该表中，改变被量化，比如，配偶死亡相当于100分，饮食习惯改变相当于15分。根据他们的研究，如果一年中所得总分超过300分，那么将有80%的患病性可能。换句话说，仅仅是在短期内经受太多的变化就足以让一个人的生理和心理崩溃。

因此，如果长期感受到力不从心、担心害怕、紧张失眠，就有必要关注、评估我们的生活事件、生活状态，找到让我们产生压力的压力源，并对此做出适当的调整，保持我们的身心健康。其中，简化我们学习、工作的项目，保持规律的饮食作息，使生活节奏张弛有度，是避免我们陷入过度压力状态的重要法宝。

折磨我的虚假优越感

心理学家阿德勒说：“所有失败者之所以失败，就是因为他们缺乏从属感和社会兴趣。他们赋予生活的意义，是一种属于个人的意义，他们争取的目标是一种虚假的个人优越感，他们的成功也只有对他们自身才有意义。”

我从前就是这样。我以为靠着成绩优异就能够获得认可与关注，真是大错特错！优异的成绩如果对别人有益，那才是有价值的，如果对于他人无价值，那则是自嗨！换句话说，之所以成绩好的同学会吸引更多的伙伴，是因为成绩好本身意味着一种资源，比如可以为他人的完善提供帮助等。而如果这个人只是成绩好，却没有融入群体帮助他人解决问题，那么这种“优越”也终将归于虚无。

再比如，当我在大学人际关系受阻时，我又盲目地追求“瘦”，我以为“瘦就是美”，“比周围人都美”成了我重新获得优越感的一种目标。然而，这种优越感是我强行赋予其意义的，换句话说，我是否够瘦，并不是别人衡量我是否有价值以及喜欢我的参考指标，而我却沉浸其中，坚信不疑。

亦如阿德勒所说：“优越感的目标一旦被具体化后，个体的生活模式、行动都会为此目标服务。他们不会在乎这些行动是否正确，对其他人或事是否会产生影响，他们只在乎是否有利于达成优越感的具体目标。”我在追求优越感的过程中，就误入歧途。

追求优异的成绩以及姣好的外在形象本身不是坏事，因为其在一定程度上可以证明我们个人具备某些对社会有益的素质。但由于我的出发点错了，我追求这些的目的，不是抱着与他人合作，而是抱着超越他人的态度，导致我与群体的距离越来越远。群体的疏离让我的归属需要没法得到满足，进而又强化了我的自卑感，导致在新的一轮追求优越的岔路上，不断地恶性循环。

人的价值在于对他人有意义。阿德勒指出：“一个人要成为正常而健康的人，就必须通过合作和建设性的姿态将自身融于社会之中，借此获得一种社会意识，即对他人怀有一种社会兴趣。”我想这大概就是我后来积极参与社群活动、逐步融入社会后，内心的自卑情结得以消散，精神逐步恢复正常的关键所在。

与人相处到底有多重要

事实上，与人为乐、合群友善本身也会给自己带来好处。正如前面所说，感到被理解、被接纳、被关心的人总是能够更好地应对压力事件，而内向、孤独、朋友少的人总是会在压力来临时，被轻易击溃。

进化心理学从生物本性的角度指出，归属需要是人类的重要特征。因为在原始时代，如果离开了社会，就意味着更难获取食物，无法受到保护，从而很难生存下来。不仅如此，脱离社会也意味着无法交配求偶、繁衍后代，因此，那些寻求与他人亲密合作的早期人类就比那些孤独者更容易繁殖后代和遗传基因。长此以往，对归属感的需要便具有了遗传性，害怕被群体拒绝和排斥成了我们的人类本性。

此外，心理学研究还表明，被拒绝的人其大脑皮层的某个区域活动会增加，而这部分脑区同样也是对躯体创伤做出反应的脑区。换句话说，精神上遭受拒绝和肉体上受到折磨一样，它带来的痛苦都是非常真实的。因此，遭受拒绝的人往往更容易有攻击性，这种攻击性对外表现为攻击他人，对内则表现为攻击自己。

遗憾的是，如我一样，很多人并没有意识到这一点。人们往往因为被拒绝、排斥而受挫，进而自动开启自我保护的防御机制，将自己封闭起来，力求尽力减少其他人给予的任何潜在的负面回应或拒绝。如此一来，我们也在不经意间推开了本可以对我们施以援手的人。比如说，我在大学由于和舍友关系没有处理好而被孤立，我误以为世界就是如此不理解我。于是出于害怕继续受到伤害的心理，自动将自己与人群隔离开了，最后陷入越来越孤独的死循环。

当然，我相信很多人并非是因为和某个人接触不良，就直接变得孤僻，远离社交。这里面一定有一个发展的过程。还是以我自己的案例来说，事实上，在和舍友关系没处好之后，我曾试图去寻求解决方法，比如找到曾经和我关系还不错的某个舍友进行沟通，试图寻求她的理解。只不过，她还是不理解我。这才导致了我的习得性无助，即因为重复的失败，形成的一种对现实的无望和无可奈何的行为、心理状态。一旦我们感到脆弱无助，我们就会认为他们的疏远恰好证明了自己是不受欢迎的，我们仿佛是置身于一个残酷世界里的被动受害者，却没有认识到正是我们自己造成了现在的困境。

是啊，社会这么大，这个圈子不行，换一个圈子不就好了吗？我们对归属感的需求是可以置换的！然而，身处其中的人，由于注意力都集中在自己的不幸遭遇以及负面情绪上，往往就很难看到这一点。事实上，只要重新建立社交圈，这一切就自然化解了，就如同我后来积极参加社会公益活动，认识了很多志同道合的朋友，我的归属感在另一个圈子里，获得了极大的满足。

找到对的社会支持

我常常说，痛苦被看见就不再痛苦。

因为导致我们痛苦的原因常常是委屈、憋屈、不被理解。而当你的痛苦被别人看见，你的委屈被人理解，甚至有人和你同仇敌忾的时候，我们的痛苦常常就能得到释怀——这也是社会支持系统对我们非常重要的原因之一，它能在我们痛苦的时候，帮我们止疼。

值得注意的是，该如何选择对的社会支持。

不可否认，有些人，他们很关心我们，却不理解我们，比如，我们的父母。

我从不怀疑母亲对我的爱，但在她那里，我却很少感到被理解。如果我和她诉苦，她不是站在第三者的角度对我说，“这件事，你也有责任”，就是否定我的情绪说，“不要生气啦，跟这种人生气不值”，或者讲一些大道理，“你不要跟他一般见识”。

母亲是真的爱我，关心我，希望我好。但我真的在每一次倾诉后，更多感到的是不被理解。而这样的社会支持，对于一个受伤的人来说，作用是不大的。事实上，人们往往容易低估他人的痛苦，我们都不擅长估计别人的身心痛苦程度，除非正在经历和他人一模一样的痛苦。

因此，我友善地建议各位在生活中受挫、急需理解和倾诉的朋友，去寻找那些有效的社会支持，你要相信，有时候仅仅是花时间与那些我们觉得合得来的人在一起，就算很少说话，我们也会体验到一种强大的社会联系感。

具体而言，有以下几点建议：

第一，找到与自己有相似经历的人进行沟通、倾诉。现在网络如此便捷，QQ群搜索、贴吧论坛、豆瓣小组……找到一个和自己有类似经历的人，并不难。

第二，可以写文章，发博客，通过这种渠道发泄自己的情绪，让自己的痛苦被人看见。

第三，寻找专业的心理咨询。当然这个价格会有些贵，但一位受过正规培训的咨询师，一定懂得什么叫作无条件地接纳来访者。

请相信，有时候一场高质量的倾听，本身就有巨大的自愈效果。当然，要做到这一点，必须跨出的第一步便是——勇于坦白自己的过去，因为只有敞开心扉，我们才有可能被理解和接纳。

立竿见影的快乐方法

轻运动

如果你问我，见效最快、疗效最好的快乐方法是什么？我一定会告诉你，锻炼吧。

相关的科学研究显示，即使是短时间的体育锻炼，比如快走15分钟、慢跑5分钟、瑜伽30分钟等轻运动，对于降低焦虑水平，具有特别显著的效果。

为什么运动有利于我们的精神健康呢？

首先，运动有助于缓解我们在压力状态下“打或逃”的反应。

在远古时代，人类面对的压力多半是威胁生命安全的自然环境挑战，比如被饥饿的狮子追赶等。为了更快地应对这些极端刺激，我们的身体会释放出肾上腺素、皮质醇等激素，在这类压力激素的帮助下，我们的身体会出现血压升高、心跳加快等反应，以便快速启动逃走或搏斗的自我保护反应。当反应结束后，身体中的激素就会恢复到平衡状态。换句话说，我们应对压力的种种反应对于我们的祖先而言是非常有益的。

我们现代人很少面对自然危险，取而代之的是工作和生活中的压力，但我们应对压力的模式仍然和远古时代一样——释放肾上腺素、皮质醇等激素。然而，我们却不会再像我们的祖先一样搏斗或逃跑，压力得不到释放，便成了精神上的压抑。这个时候，运动的作用就体现出来了，虽然运动不是真正的“打或逃”，但对于我们的身体而言，会产生同样的效果。因此，锻炼之后，我们的机体就会恢复平衡。

其次，运动还有利于释放“让人感觉良好的大脑化学物质”，如内啡肽、血清素、多巴胺等。内啡肽是使人感觉喜乐的激素，想要摆脱担心和忧虑就必须得到这一激素的帮助。血清素能帮助我们放松心情，认识到生活中的积极一面，血清素缺乏会使人焦虑、抑郁。在多巴胺的作用下，我们会感受到爱的幸福，这种幸福感和吃巧克力的作用机制一样。

我常常想，我出院后情绪逐步恢复稳定，肯定很大一部分归功于我在健身房的锻炼。可惜的是，人人都知道运动好，但很多人却常常将其排在日常清单末尾，成为忙碌时最容易被忽略和摒弃的活动。

转移注意力

如果说轻运动是使人快乐的特效药，那么，转移注意力就是治疗痛苦的止疼药。

有句话是这么说的：你的注意力在哪儿，情绪就在哪儿。

事实上，我们很多的想不通，都是越想越不通——情绪的不通。于是，负面情绪就在想来想去中，越发绝望、悲观、愤怒。因此，在心烦意乱的时候，是不适宜再继续想事的，因为想也想不明白，反而让自己更焦虑。

如何阻止这种焦虑情绪呢？我们可以采取一些转移注意力的方式，你会发现，当你的注意力被转移到另一件事情的时候，你很难分心去担心别的事。因为我们的注意力是有限且匮乏的，我们很难同时专注两件事。

对于我而言，我焦虑的时候，习惯去收拾屋子，因为收拾屋子一方面转移了我的注意力，另一方面，当我看到杂乱的环境被打扫干净的时候，我的自我效能感也会提升，与此同时，“房间的状态就是心情的状态”，当眼见之处都很整洁，烦躁情绪也会得到缓解。

当然，转移注意力并不是一种一劳永逸的灵丹妙药，因为这种方式不会真的解决问题，问题还在那儿，当你想起时，你同样会烦恼。因此，转移注意力只是一种暂时的逃避，这种逃避可以在我们情绪失控的时候使用，避免我们在糟糕的状态中做出糟糕的选择。

增加控制感

让我们抵御焦虑，增加幸福感和快乐感的第三剂药就是增加控制感，这剂药是让我们快乐的中成药，药效不一定猛，但可以从根本上增强我们对于焦虑的抵抗力。

实际上，焦虑的一个主要源头来自对未知的恐惧。这在某种程度上是对生命脆弱本性的觉知所致，因为失控在某种程度上就代表失去安全。因此，我们不能安于世界超越自己的想法而运行，我们总是在追求一种控制，对生活的控制可以让我们安心。

基于此，增强我们对于焦虑的抵抗力，可以从增强控制感着手。比如，我们可以为日常的生活做计划，让生活处于控制之中。值得注意的是，在制定计划的过程中，我们要有所保留，不要把时间安排得太满，也不要把任务安排得太密，否则无法完成的工作反而会增加我们的焦虑，得不偿失。另外，在制订计划安排的时候，也要事先想好最坏的可能性，因为只要我们接受了最坏的结果，其他结果我们往往也能接受。

最后，我们可以拓展我们对于变化的适应能力。具体而言，就是在小事上，冒险尝试一些会让我们产生紧张、不适的行为。比如，下班后时，尝试关掉导航，靠着感觉走一条陌生的路回家；比如，不带手机，到一个陌生的城市过一个周末；比如，办公学习时一整天不用电脑……当我们接受变化的能力越强时，面对失控的能力也就越强。

赋予生命以意义

我的躁郁症故事到这里还没有结束。

我的病好了，但妈妈病了。

她一直活在自责与恐惧中。她害怕触及我的那段经历。

实际上，在她将我送进医院时，她也很矛盾：她不知道，把我送进医院到底是对我好，还是对我不好。她只知道，我当时的状态很差，如果不把我送进医院，她怕我的生命安全都难以保障。她很无助，她不知道如何应对这样的局面，所以把我送了进去。

然而，由于我的状态并没有因为住院而变好，她更加自责、内疚、难受……她以为这一切都是她造成的。以至于后来我偶尔和她探讨住院的经历，她也甚为恐慌。无论我如何劝解她，说这段经历我并不在意，她依然无法放下。她只希望能将这段经历完全抹去。

如今，我在写这些文字时也倍感纠结，我害怕母亲终有一天会看到，于是，我选择在出版前与她沟通。我用试探性的语气对她说：“我想写一本书，里面涉及我住院的事情。”

果不其然，她立刻反对：“这会对你造成影响。”

我笑笑："我之所以患病，就是因为我没办法正视自己的自卑，我盲目地追求超越别人，以至于在错的路上越走越远。只有正视自己的过去，才能真正走出来。我只有正视了自己，接纳了自己，才能没有负担地继续向前走。今天，我把故事写出来，一方面可以得到自我的释怀，另一方面，也是更重要的，我想把我领悟到的东西，分享给那些和我有同样遭遇的人们，我希望能够尽可能地帮助到他们。因为倘若这些经历起到有助别人的效果，曾经的'痛苦'就不再是'痛苦'，反而是巨大的快乐。"

"我真的很怕你提起这些……你不知道我心里有多痛苦……"母亲哽咽了几次，"这段经历对我也是很重的打击……我当时真的不知道该怎么办……我只想保护你，我怕你受到伤害，现在的社会还没有那么宽容。"

我对妈妈说："我理解你当时做出这种选择时候的无奈，我知道你现在的内疚、自责。你不妨将这段经历，看作是带我进行了一次探险。探险哪里有舒适的呢？不是这里刮伤就是那里蹭伤，甚至不小心，还会弄折胳膊。但没关系，当探险结束，骨折的胳膊会慢慢长好，而我自己也会收获成长——正如我悟到'与人合作'的重要性，让我现在活得更加舒畅。"

她没再反对，只感叹了一句："对啊！探险，你真的长大了。"

虽然我不敢保证她的焦虑情绪不会反复，但我可以确定的是，在这一瞬间，她获得了释怀，因为她找到了令她痛苦的经历的意义。正如著名心理学家弗兰克尔所说，在一定意义上，一旦找到了意义，痛苦就不再是痛苦。

当然，也许在某个情境下，妈妈的痛苦和矛盾又会再次浮现，但我相信，只要我反复引导她发现生命苦难经历的意义，她也就不再会为此而苦恼。

我知道，这需要时间，我有耐心，也有信心。

第二章

欲快乐，先破执

我们的自尊太脆弱，一不小心，便染上了执念。

你为什么放不下想瘦的执念

和我一样，叶子也是一个曾经痴迷于减肥的女孩。

“我真是太胖了，如果再瘦10斤，我一定会比现在过得好。”叶子对自己的体重一直不满意。小的时候，叶子也曾瘦过。但自从青春期发育后，脑袋就越来越圆，肚腩也越来越大。

中学时期，叶子并没有特别在意这一点。可自打高考完后，叶子就开始了她的疯狂减肥之路。

最早，叶子偷偷尝试吃过减肥药，但减肥药除了泻肚子外，瘦身的作用似乎不大，而且好不容易减去的几斤，很快又反弹回来了。后来，叶子尝试了锻炼，但锻炼这种事，在于长期的坚持，一两个月的长跑，也并未让叶子变得更苗条，反而是食量更大，胃口更好。叶子也尝试过“过午不食”，但越是想刻意不吃，就越是频频为食物所吸引。

总之，网络上的各种减肥餐、各种减肥噱头，叶子都尝试过，但都很不幸地以战败收场。

让叶子不断减肥的动力来自同学的审美观以及她那颗好胜的小心脏。据叶子说，她暗恋过的男生都不喜欢她，而这些男生追求的女生大都是身材纤瘦的姑娘。叶子也想变成这样的女子，从心底上，叶子也认为，这些纤瘦的姑娘确实更美。

“要么瘦，要么死。”叶子将自己的手机屏保设置成了印有这一条格言的图片后，开始了让她后怕终身的减肥战斗史。

为了尽快瘦下来，叶子规定自己每天只能吃不超过800卡路里的食物。“开始也会有很饿的时候，但是意志会强迫自己不吃，同时每天也会多做一些其他的事，来转移想吃东西的注意力。”

叶子一个月就瘦了10斤。但叶子并不满足于已经减下的体重，因为历史的教训历历在目——减肥是很容易反弹的。为了让自己的体重不反弹，为了对得起已经吃下的苦、付出的努力，叶子没有停下减肥的步伐，甚至采取了更为激进的减肥方式。

“告诉自己不能吃，哪怕多吃了一口，都会有很深的负罪感，好像之前付出的努力就统统白费了一样。上课、走路、写作业都在想，我又多吃了多少食物，多摄入了多少卡路里。”叶子说，每天只要进食量稍微超过自己的预算，或是比前一天多那么一点儿，她就会感到不安。

为了让自己少吃一些，叶子甚至减少了社交，总是找出各种理由不参加同学聚餐，不与同学一起去食堂。慢慢地，原本活泼开朗的叶子，性格变得寡淡了起来，心情也总是郁郁寡欢。

叶子的同学显然注意到了叶子的变化，大家都以为叶子生病了，便劝叶子多吃些，照顾好自己。叶子只是笑笑，全然没放在心上，她依然觉得自己还不够瘦。偶尔没能控制住多吃了一些，叶子甚至还会采用催吐、灌肠等方式来清理食物，同时加大运动量来消耗吃下去的食物的热量。

控制食物的结果是终被食物控制。从原先每天还能吃上一餐饭，到后来每天只吃几个苹果，到最后只喝几包酸奶，叶子彻底养成了不吃食物的习惯，甚至吃了食物反而会令她更难受，“也许是心理作用，哪怕吃一点儿，都感觉肚子好胀”。

叶子变得越来越瘦，155cm的个头只有35kg，停经半年，身上的汗毛越来越长，头发越来越少，性情也大变，要么一人独处不说话，要么暴躁不安发脾气，没有心思再专心学习，满脑子都在计算吃下去的食物的卡路里。

家里人看着骨瘦如柴的叶子，很是心疼，都以为是学校食堂没营养，才导致叶子如此消瘦。于是，叶子妈特地在叶子学校旁租了一套小房子住下，以便照顾叶子的饮食起居。但叶子的情况并没有因为妈妈的到来而好转，甚至从此她的任务又多了一项：如何成功逃开妈妈的“监视”，避免吃饭；如果被妈妈强迫吃下，叶子还会立刻进行催吐。

“很累，感觉精神分裂。”叶子说，此时的她其实已经很清楚自己不能再瘦了，相反还要努力增重，但只要一碰到食物，就会本能地排斥，她很不喜欢这种状态，但又无计可施。“我也多次跟自己说，下回一定多吃点，可每到吃饭时，脑袋里就像有两个小人在打架，一个说你要多吃点儿，另一个说你不能吃。”

叶子像被魔鬼控制了一般，无法挣脱。后来，家里人强行将叶子送去了精神病医院治疗。

在药物的强行干预下，一个月后，叶子的体重终于恢复到了90多斤。出院后，叶子依然在家人的督促下继续吃药，然而药物的副作用又让叶子不断长胖。叶子知道此前的减肥方式不对，但她还是对当前的体重并不满意。“不敢再节食了，可还是会想瘦一些。”

对于叶子而言，无论是瘦时的她，还是胖时的她，从未开心过。

为什么许多厌食症患者明明瘦到丑，瘦到病态，仍然放不下对体重的执念呢？

事实上，进食障碍者本身并不是在意胖瘦和体重，其背后是对自己的不接纳和不认可。研究显示，进食障碍患者往往自我评价过低，比正常人更在意他人的意见，更想满足他人的意愿，对自己的要求也更严苛。他们从小的生长环境往往是被要求追求完美的，长大后当面对生活压力，自己又感觉做得不好的时候，就会把注意力转移到体重上，对自己下力。换句话说，对于进食障碍者而言，减肥提供了一种对生活的控制，它意味着某种成功，减肥被等同于自尊和自我价值，乃至比生命中其他因素更为重要。

此时的他们，显然已经不是在追求美，他们对美的认知已经歪曲简化成“瘦”。在他们看来，再瘦一点儿，会让自己更好，这使得他们不会满意自己的体重，因此减肥也就不会停止。而饥饿本身又会导致个体注意力不集中、思维具体化、顽固、退缩，甚至出现强迫行为及抑郁。抑郁进一步加深个体的自卑感，导致厌食症患者继续通过控制体重来保持自我价值感，进而强化了其厌食行为。

因此，对于厌食症患者而言，仅仅纠正其厌食行为并不能真正改善他的病情。换句话说，只有走近他，接纳他，让他了解到被接纳的感觉，引导他学习自我接纳，才是厌食症患者的解药。

当然，对于长期生活在不被接纳环境中的厌食症患者来说，“接纳”二字并非易事，还有很长一段路要走。我们也将在后文继续讨论。

你为什么如此在意别人的评价

在电视台工作时，由于工作制度调整，领导变得特别严苛。

于是，一个同事兼好友L有些沮丧地对我说，最近总是没有干劲儿，因为无论怎么努力，都得不到领导的认可。

其实，领导在批评她时，也说了我不努力。

可我全然没有在意。

为什么我们之间心态会有这么大的差别，难道是我脸皮比较厚？

仔细想了想，原因在于，我对自己有清晰的认识，而她没有。

我认为自己就是努力的，而领导觉得我不努力，我会认为是他没有看到我的努力，或者仅仅是他为了敦促我更加努力，才说出了这些话，所以面对他的批评，我并不在意。

很多时候就是这样，你只有建立了客观而坚定的自我标准时，才能合理地应对别人的评价。

举个例子：如果有人嘲笑你说，你长得真矮，连一米五都没有，你会不会生气？

你当然不会生气，因为你知道，你明明不止一米五，这个人根本就是瞎说。

那为什么当领导批评你不努力时，你会生气？

因为，你也不知道自己是不是努力，你从来没有为自己的勤奋打过分。在这一点上，你是不自信的。

在相亲的场景中，见到过这样一幕。女生问男生："你赚多少？"

男生说："六千。"

女生说："这个工资不太高啊。"

男生显然不悦："你一个赚三千的，还好意思说我？"

虽然，这个时候，这个男生是在反抗，好像是为了证明，自己挣得并不少。

但实际上，他是自卑。

为什么？

因为他越是生气，就越表示对自己薪水感到不自信。因为在他的潜意识里，也觉得自己薪水不高。

再往深处讲，就是他并不清楚，他要赚到多少才是合适的，他对体面的薪水，没有客观的认识。

在意别人目光，需要得到肯定的人，除了对自己不自信，还有一点就是动力问题。

有的人努力，是为了得到某样东西。

比如，你对一个人好，就希望他也同样地反馈你；你努力工作，是为了得到领导、同事的认可；你努力看书，是为了考取一个好分数。

如果是这样，那么，恐怕你很难坚持。

因为，你努力的动力在于别人，而不是自己。

而这个"别人"，是不可控因素。一旦你得不到你认为自己应该得到的反馈机制时，你一定会感到挫败。

这些年，自媒体蓬勃发展，不少人投入其中，有全职做自媒体的，也有业余时间自己探索着玩玩的。我敢说，你问问身边的朋友，估计10个人当中，有一半都开了个人公众号。

但你如果问他们，现在公众号做得如何了，很多人大概都是耸耸肩，然后笑笑说："还是老老实实上班吧，这东西不赚钱。"

是真的不赚钱吗？为什么还有那么多人，就靠着公众号发家致富了呢？比如，咪蒙、同道大叔、六神磊磊……如果你关注创业新闻，你一定知道太多人在这片红海中获利。

为什么他们能赚钱？而你不能。因为你只是为了赚钱而去。你的目的性太强，所以当你的投入，在一段时间内没有看到回报的时候，你会打退堂鼓。

事实上，我身边就有不少这样的人。在我出版第一本书之后，很多熟悉或不熟悉的人会跑来问我，如何才能写一本书。

我非常诚实地告知对方：先给自己定个目标，知道自己要写什么，然后弄出个简介、目录、大纲，加上一两万字的样稿，然后去豆瓣等一些平台搜索约稿的编辑，把上述内容发给对方，如果对方有兴趣，自然就会跟你签约了。

有人会问：如果对方拒绝了呢？

我说：那你就在豆瓣等一些平台上，陆续更新你的内容，写得好，自然会有流量的，有了流量，编辑会不请自来的。

但结果是，这些问我的人，几乎没有一个人真的这样去做的。闲聊时，有些人会牢骚两句：老了，没时间了，现在工作、家庭负担太重了！写这种东西，耗费时间精力，又没有收入，很难做到长期坚持啊！更重要的是，现在大概已经过了风口期了，流量都被大号给占据了。

不否认，他们口中的原因确实存在，但在我看来，真正让其止步的是——动力在于外界。

事实上，我的稿件也经历了无人点击、无人阅读、反复被拒绝的过程，但由于我坚持下来了，时间终于成了我的朋友——从一篇过万点击文，到更多，再到我有了第一本书……而我之所以能够坚持下去，度过艰难期的原因是——我不会为任何人努力，除了我自己。

我喜欢写文章，我喜欢看书，就是因为喜欢，别人夸我也好，反对也好，我都会继续这样做下去。因为我做这些的动力是自己。因为，我只有这样做了，我才会感到开心。

所以，我总是说，永远不要为了谁、为了某个目的而让自己坚持一件事，工作也好，爱情也罢，否则太累。

只有Do what you love，才能Love you do。

好朋友为什么见不得我过得好

姑娘L大学毕业前都没有离开过家乡，毕业后由于工作关系被派往上海工作。人生地不熟的她在豆瓣上加入一个老乡群，没想到大学校友M（也是姑娘）也在。两人先加了微信，聊着聊着，感觉投缘，得知M租的房子离公司很远，而自己正好住在市中心，比较方便，于是姑娘便邀请M一起住到了家里。

M最初拒绝了，理由是，市区房租太贵。

L得知M家境条件不太好，每月还要寄钱回家，便主动说："没事儿，房租我先付。"

在L的热情邀约下，M住过来了，M说："那好，为了答谢你，水、电、煤气费以及买菜做饭的事儿我来包。"

住到一起后，两人关系更近了，M果然是那种特别会照顾人的姐姐。在L心里，她也特别羡慕M这样的姑娘，长得漂亮，工作业务能力又强。只是M对自己总还不够满意，她想要更好。

住到一起后，L无意间得知M和单位的老板好上了，不过她只是小三。L劝M不要这样做，不值得。

两人聊了一个晚上。M哭了一个晚上。M说自己也不想这样，可是这段关系对她事业发展有帮助。而且老家急需用钱，她现在也不能断了这段关系。L提出自己愿意借钱给M，但M拒绝了。

纸终究包不住火。M果然被老板的正房太太知道了，在正房太太的要求下，老板辞退了M，但给了M一笔钱。M又哭了一晚上，L又安慰了一晚上。

后来，在L的推荐下，M来到了L所在的公司上班。业务能力远远高于L的M，很快就得到了老板的赏识。老板总是当着L的面说："学学你的小姐妹，人家干活效率多高！"

L撇撇嘴，心里不是滋味。

不久后，L在项目中认识了一个富二代小开。小开特别喜欢L，每天各种鲜花巧克力围攻L的办公室，同事见了，忌妒又羡慕地调侃L真幸福。

回到家，M对L说："你这样做不太好。毕竟工作场合该有工作的样子。"

L以为是自己的幸福刺激到了刚失恋的M，便一边撒娇，一边对M说："好啦，知道了。"

因为约会，L回家的时间越来越晚。一天晚上，M又语重心长地用长辈式的语气对L说："最近回来都太晚了，这样不好。"

L又以为是自己影响了M休息，索性如果时间晚了，就直接住在男友家。

L和M距离越来越远。

再后来，M工作遇到了麻烦。由于出资方资金链断裂，M手中负责的项目被搁置。闲聊时，M对L吐槽道："这种烂摊子，继续做又没钱，干到一半不做，老板又不同意，真是烦死了。"

直到一天，M突然被老板叫到办公室说，这项目不用跟了，换L来做。

"凭什么啊！不公平！她不就是靠着那个有钱的男朋友吗？"然而，甩掉烂摊子的M并没有为此感到开心，情急之下，她甚至对老板大声嚷嚷，整层楼的人都听到了。

原来，L的男友恰好把这个烂尾项目收购了，不过附加条件是，希望女友来接手项目。

L自然也听到了M的嚷嚷，她找到M说："之前你一直抱怨不想做这个项目，我是因为这个原因才愿意接受男朋友让我负责这个项目的！你要想做，我还给你啊！"

"不稀罕。"M扔下三个字，当天M便递交了辞呈，也搬出了两人所居住的地方。

L不明白为什么曾经那么要好的朋友最后会走到这一步。她问我："其实在工作中，一旦我被老板夸奖，她脸上就会露出失落。她已经很优秀了，各方面都很优秀，我只是偶尔做得好一些，难道不行吗？为什么好朋友就见不得我好呢？"

我说："这是人性，你不也曾因为M来到公司，得到老板重用而失落吗？"

L说："我承认我有过不舒服，但我不会有她这么强烈的反应。"

我说："因为你没那么在意'事业的成功'。人的情绪很大程度上与个体的关切程度有关。你越关心这件事，你对这件事的情绪反应就越剧烈。按照你的说法，M给人的感觉是事业心非常重的，所以她才不愿意在这方面落后于你。"

"这大概和她家境不好有关吧。她要赚钱。"L自言自语道，"可是如果她缺钱，为什么我借给她的时候，她又不要呢？"

"表面上，M是缺钱，但她更缺的是由物质匮乏而带来的自尊。而人的自尊在某种程度上，是建立在比较之上的。换句话说，她需要通过比你更能赚钱来获得她的自尊，而你给她钱，恰恰是践踏了她的自尊。”

“那为什么她那个情人老板给她钱，她就收了呢？”

“因为那个老板不是她的比较对象。有一句话是这么说的：一个乞丐不会去忌妒百万富翁，却会忌妒一个收入比他多一些的乞丐。人们忌妒的对象往往不是远在天边的人，而是近在身边的人，因为在潜意识里面，我们认为自己和他们一样。换句话说，M在某种程度将和老板发展关系当作是一种工具、手段，因此她会觉得这钱是自己应得的。而你对于她而言，你既是她的校友，又是她的同事，还是她的同龄人，她自然是将你当作比较对象，所以才会有忌妒。”

“可是，我作为她的朋友，我越好，给她带来的资源应该更多啊！她又何必要远离我呢？”L继续问。

“是啊，人的情感就这么微妙。人们往往在不知不觉中，自动化地和身边的人进行零和博弈。总觉得对方得到的多了，自己能得到的就少了。却没有想到让你们的资源总和增加，实现共赢。”我感叹道。

当然，我能理解M忌恨L的合理性。在M眼中，L的成功名不正言不顺，她不是靠自己的奋斗得来的，而是因为有男友的裙带关系。人人都要求公平，不公平就会引发我们的忌妒之心。然而，殊不知，我们的公平都存在一定的偏见，换句话说，我们坚持以为的公平只是我们以为的而已。

以薪酬分配为例，什么是公平呢？

按资历发工资，公平吗？那资历很老但不干活的人，应该拿高薪吗？

按工作能力发工资，公平吗？那工作能力很强，但总趾高气扬、没有合作精神的人，应该拿高薪吗？

按工作量发工资，公平吗？那只要工作量大，不管用什么方式完成，都能获得高薪吗？

按人头平均分配工资，公平吗？那工作积极的和工作懈怠的，应该工资一样吗？

以上的说法，可能都是公平，也可能都是不公平。这只是在不同标准下的公平而已。

如果M能够放下自己对于公平的标准，接纳好友的成功，她大概不仅能够收获友谊，更能得到来自L的资源帮助。

为什么损人不利己，也要报复

勤奋刻苦的舟，虽然出身于一贫如洗的农民家庭，但在高考中，鲤鱼跃龙门，进了城市的重点大学。不仅学业有成，毕业几年后还成功抱得美人归，娶了自己的小学妹姚。

姚家是城里人，还小有钱，在两人结婚后，便给了舟一定的经济支持，帮助他创业经商。舟也争气，才过而立之年事业便干得有声有色，成了当地颇有名气的企业家。

虽然致富了，但舟始终没有忘本，对老家的亲戚朋友都很好，常常把他们接到家里住。然而，这些穷亲戚却让姚和女儿非常不适应。不过，姚是识大体的，她极力忍耐，总想着忍一忍就过去了，毕竟也不会长住。

但这一住真的就成了长住。姚有时会和丈夫说：“能不能花钱让他们住宾馆？他们太不讲卫生了，回家也不洗手，穿着外面的衣服随意坐床上，这样很容易感染细菌的。”

舟一边哄媳妇儿，一边为难地说：“都是自家人，来了咱们家，还让住宾馆，他们心里会难受的。尤其是我爸妈，你让他们怎么想我？”

话到这份上，姚也只好妥协了。

直到有一次，年幼的女儿在和堂兄妹玩游戏时，不小心被他们用玻璃砸破了脑袋，缝了五针。姚终于忍无可忍，自己做主，把亲戚们“劝”走了。舟知道后，虽然嘴上不好说什么，但心里始终不是滋味。

后来，姚的哥哥做生意亏了，提出希望得到舟的资助，并承诺只是应应急，一年后一定连本带息，再加100万报酬回馈。然而，舟不仅没有帮助，反而落井下石，联系他们共同的朋友也别借钱给妻子哥哥，还在背后说了不少他的坏话。

姚很伤心，她不明白自己的丈夫什么时候变得如此小气，甚至说是“坏”也不为过，“这是我哥啊，你不仅不帮忙，还落井下石！你当初创业，不也是我家给的钱吗？”一时气愤下，姚提出要和舟离婚。

然而，更让她难过的是，当他们闹离婚时，丈夫这边的亲戚几乎都是“劝分不劝和”的！姚伤心地对我说：“真没想到他们一家人这么没良心，我平时也没少给他们钱啊！他们家孩子读书，不都是我们出的钱吗？”

姚反复问我，人怎么可以这么坏，到底是舟变了，还是自己看错了人。

其实，这一切并不难解释。舟落井下石，无非是因为当初被姚嫌弃了自己家的穷亲戚伤了自尊，所以才在关键时刻，报复姚的哥哥。而夫妻要离婚，公婆姑嫂不劝和，也正是因为当初被“劝”走，伤了自尊。

自尊心脆弱的人一旦感到被伤了自尊，便容易产生报复的执念，做出许多不合逻辑、违背常理的事，有时甚至为了报复，宁可玉石俱损。

由于自尊受到伤害而违法犯罪的案件也很多。比如，因遭讥讽而刺死厂长的大学毕业生李某。2008年毕业后，李某来到广州某化工公司当了一名普通工人。上班后，李某发现同事的学历都比自己低，工作中和生产主管发生了摩擦。主管将事情上报给厂长，厂长在早会上批评李某：“大学生有什么本事？一个大学生还不是一个普通生产工！”当时大学生做普工的只有李某。他觉得受了莫大的侮辱，于是提出辞职。但后来因找工作的渺茫，他决定报复厂长，最终将其杀害。

针对这种恶性事件，有人感叹说，教育只管教分不教人，有人说要提高现在年轻人的人际交往能力，还有人说要在高校进行心理辅导，防患于未然。

这些说得都对。但对于我们普通人而言，亦有教训可以吸取——我们生活中有很多人总爱逞口舌之快，却不知道这一时的痛快会给他人带来怎样的创伤，亦想不到这样的一时发泄会给自己带来什么样的恶果。

千万记住：伤什么，别伤别人的自尊。否则一个看似内敛、礼貌的好孩子也会变成面目狰狞、丧心病狂的杀人狂魔！

你过得那么好，为什么就抑郁了呢

如果不说可能你怎么也想不到，身材高挑、五官清秀，工作如意、家庭美满的微竟然多次想要自杀——这让微的丈夫也很不能理解："开始只是觉得她闹脾气，没想到她居然真的要自杀，我怎么也想不通，咱们家庭条件挺好，孩子也听话，别人都十分羡慕，她为什么有好好的日子不去过？"

微的丈夫介绍："她已经越来越严重了，有的时候，我买的菜不合她的胃口，她都会掀桌子，摔盘子。"然而，和在家里的状况不同，在工作时，微的脸上总是挂着微笑，让很多人不自觉地喜欢她。

在第二次自杀未遂后，微主动提出要看精神科医生。不出所料，检查结果真的是抑郁症。医生认为导致微抑郁的正是她接二连三的好事——不断升职加薪。

好事也会让人抑郁？

没错！因为升职意味着微将承担更大的责任，也承担着更高的失败代价和风险。这无形之中加重了微的紧张和焦虑，长此以往，抑郁症就产生了。

和微一样，如今很多患有抑郁症的人绝大多数都是城市的精英分子，不明就里的人往往难以理解："他们条件比我们好这么多，为什么还要抑郁？"

是啊，生活常常就是这么讽刺！越是成功的人，往往对自己要求越高，他们追求完美，害怕一旦有事情做得不够好会损害自己的形象，长此以往便有了抑郁障碍。在心理学的解释中，抑郁症就是自己对自己的愤怒和攻击。相反，那些为糊口而奔波的人，他们目标现实，也容易达成并因此欣喜，所以，他们反倒不容易抑郁。

目标实现不了会焦虑抑郁，目标实现了同样也会导致空虚抑郁。

出身于普通工人家庭的老李，靠着自己的打拼，才30出头，不仅在市中心买了大房子，有了从小梦寐以求的豪车，还娶了貌美的妻子，生了可爱的儿子。在外人看来，老李的生活十分完美。

然而，拥有这一切的老李并不快乐。他常常一个人坐在偌大的办公室里，寂寞地抽着烟，回忆曾经的自己：那个时候的他，心心念念的就是想着改变自己的生活现状，让自己和家人过得更好，为了达成目标，他每天废寝忘食地工作，也曾为了一单生意而低声下气地求人，虽然挫折和困境接二连三地到来，但他只要想到心中的未来，就能咬牙坚持……

可如今呢？金钱有了，事业有了，时间也有了，老李似乎得到了一切，却又觉得自己失去了一切。眼下的他，总打不起精神，在事业上，没了当初创业时的冲劲，回到家里，也感受不到家庭的温馨——妻子总怀疑他有情人，而孩子也不愿和自己多亲近。

“我不知道自己的人生该走向何方，也不知道自己为何而活。我常常想，自己一个人悄悄死掉算了。”不到40岁的老李叹了口气，觉得自己大概是有了抑郁障碍。

为什么实现了目标，老李却感受不到快乐呢？难道成功是魔咒，会让人抑郁？

事实上，不是成功导致了他们的抑郁，而是盲目追求他人眼中的成功，导致了他们的抑郁。换句话说，那些成功的抑郁者，他们不知道自己是谁，他们只知道自己要“成功”，却不知道自己为何要“成功”。因此，当他们实现“成功”的目标后，他们也并不真的快乐，因为那些成功带来的快乐本来就不属于他们。

有一篇文章曾这样描述善于社交的哈佛学子：“总在赶场，忙碌完一场活动赶到下一场活动，见朋友像快餐式约会。这些年轻人擅长广交人脉。但这些人之间的关系跟真实的友情大相径庭。他们主要的精力投入职业发展，对成功和成就有着一种被压迫式的追求，并且他们害怕在他人面前示弱，担心成为众人眼中的弱者。似乎浑身上下洋溢着自信，但这种自信正是遭到了自我形象保护和满足社会预期的绑架。”

的确，在这个人人都想力争上游的时代，我们还没学会“发现自我”，就已经被迫学这学那，被教育说“不好好读书，就会扫大街”“不好好读书，就娶不到媳妇儿”……我们的童年被灌输了太多关于“超越他人”的思想，我们的潜意识里种下了“只有成功才值得被爱”的种子，以至于我们从来不敢停下来想想自己要的是什么，我们不假思索地践行着父母为我们设定的人生，我们马不停蹄地刷着学校为我们考取更高分数而设定的题库，我们盲目地咬紧牙关只想着向金字塔尖更近一步。

成功的抑郁者只想取悦别人，却没想过取悦自己。可是，连自己都无法取悦的人，又怎么能够做到真的取悦他人呢？因为你根本不懂爱啊！

更深层次来说，我们追求成功的初衷本是为了被爱，然而，我们却在追求成功的路上，不知不觉地有了竞争意识，而这种竞争意识将他人与自己对立了起来——这显然是脱离了对“归属感”的追求。换而言之，没有了归属感，我们一样是孤立无助的，而这与我们“获得成功是为了被爱”的初衷，不是背道而驰了吗？我们一边为着被爱而追求成功，一边却在追求成功的路上将他人推开，自然在获得成功后，我们也难以感受到快乐。

简而言之，要想被爱，首先要学会自爱，只有懂得从内心接纳自己，才有可能去接纳别人，我们才会有良好的人际关系，并在与他人的合作中，找到自己的价值感。

我们的自尊生病了

无论是过分执着于分数的我、瘦到皮包骨却停不下减肥步伐的叶子、因为领导批评而丧失动力的好友、忌妒闺密过得好的M、拒绝给大舅子帮助的舟，还是为了他人眼中的优秀而活的老李，我们其实都有一个共同问题——我们的自尊生病了。

自尊是指一个人如何肯定和赞扬自己，是自我评价的重要维度。自尊健康正常的人，能够比较客观地认识自己，对自己做出较为准确的评价。缺乏自尊的人，也就是低自尊（自卑）的人，往往容易低估自己。高自尊的人，则往往更容易肯定自己，甚至会出现高估自己的情况，也就是自负。

拥有自尊的人往往不会在意自尊，相反，越是自尊匮乏的人，其自尊需要往往越强——如果自己给不了，就向外索取。具体而言，他们往往不能正确评估自己的价值，需要依赖某些标准的实现来告诉他，自己价值几何。因此，绝大多数自卑的人都不是完全的低自尊者，而是有条件的自尊者，即认为只有达成一些预设的标准，才能获得价值感，如“成绩好=有价值”“长得好=有价值”“领导夸=有价值”……而一旦这种确立自我价值感的标准被形成，个体的所有活动都将围绕保证该标准的实现来进行，并时时刻刻担心自己处于不达标的状态中。

值得注意的是，这些标准并非来自个体的本真需要，有条件的自尊者往往并不了解自己的需要，其衡量自尊的标准是内化得来的，比如盲目追求身份地位，为了他人眼中的优秀而活的老李。

为了保护自我的价值，低自尊者往往会采取一系列行动：比如，他们在行动之前，往往习惯将自己的努力隐藏起来，表现出“不怎么努力”“不怎么在意”的样子，因为这样可以为他们的“失败”留出借口——因为自己没努力，不是自己能力不行。即使他们“成功”了，他们也并不会太开心，他们“居安思危”，担心下一次万一失败怎么办。他们总是活在焦虑中，无论事情发展是否顺心如意，他们都会感到焦虑。

当然，虽然低自尊者常常身处焦虑当中，但低自尊并非一无是处，否则根据“适者生存”的进化理论，低自尊的人早就被淘汰了。之所以没有被淘汰便是因为低自尊者往往会克制压抑自己，处处小心谨慎，为人处世低调，这样的人，更不容易引起他人反感。相反，一个自我感觉良好，总是高估自己的高自尊者，他们虽然不会因为自我价值观模糊而感到焦虑，但容易狂妄自大——没有人喜欢狂妄自大的人!

不过，值得再次强调的是，过度压抑自己而无法疏导，必将导致严重的心理问题。

三岁看大，七岁看老

为什么有人会自卑，总是战战兢兢，如履薄冰，十分在意他人的看法？有人却又十分自恋，以自我为中心，只考虑自己的感受？

中国人说的“三岁看大，七岁看老”，是有其道理的。一般而言，我们的人格在童年期就基本形成了。童年的经历决定了我们看待世界的态度以及我们的行为模式。

对于绝大多数人而言，儿时的主要养育者是父母，因此孩子与父母的关系，尤其是和母亲的关系，在很大程度上决定了我们的人格。

比如说，一个在幼年没有得到母亲很好的照料的孩子，他对外界的信任感就会产生危机，他会觉得自己是被忽视的、不被爱的，进而影响到自尊的形成。为了追求平等和重视，他们可能会试图通过竞争超越他人来寻求一种优越感，以便获得自尊，且成年后这种生活模式会延续下去。当然，对于缺爱的孩子而言，他也可能因为从小感受到被忽视，而更加自卑、退缩、不愿与人合作，甚至表现出自我放弃。

忽略可能导致一个孩子认知行为出现偏差，溺爱同样如此。不加以任何约束长大的孩子，他们往往会形成“老子天下最大”的认知，当有一天离开父母，遇见挫折又无法应对时，他们就可能产生强烈的不适感、痛苦感和无力感。为了消解这种不适感，他会将周边不顺着自己意的人、不和自己统一战线的人敌对起来。不仅如此，他还想要超越这些人，成为征服者和统治者，因为这样可以重新获得控制感——而这其实就是从自恋转变成有条件的自尊。因此，你会发现，自卑和自恋这看似矛盾的两个特征，往往会在一个人身上得到表现。

事实上，在今天这个独生子女越来越多的社会，我以为，强调毫无原则的溺爱对孩子造成的不良影响比起忽视带给孩子的负面效果更为严重。如今的家庭，很多都是“6+1”模式，即四个老人外加一对夫妻，六个成年人看管一个孩子。而成年的父母可能因为自己幼年没有得到很好的照顾所以补偿性地在孩子身上过分给予，爷爷奶奶外公外婆同样如此，这样一来，一个孩子被溺爱的可能性是远远高于被忽视的可能性的。

另外，很多父母溺爱孩子可能源于其对“无条件的爱”与“溺爱”理解的偏差。无条件的爱，是指我爱你仅仅因为你这个人，因此这样的爱有利于孩子获得安全感和归属感，进而形成良好的自尊，他们不依赖外界的标准来评判自己的好坏，也更懂得关注他人需要。但无条件的爱，并不代表无条件地满足，无条件地满足是溺爱，它会导致孩子变得以自我为中心，不懂得合作，难以体谅他人，也无法正确地面对挫折和失败。

然而，虽然过往的经历让我们变成了今天的样子，但我更想强调的是，我们依然有能力改变这一切。大多数心理学家认为自尊的确立有两条途径，一个是让个体自己有控制环境的成功经验，第二是让他人对自己有着积极的评价。而我将在第三章、第四章详细介绍如何增强我们对于环境的控制感，以及让他人喜欢自己，对我们产生积极的评价。

第三章

你可以决定你的人生

我们都能活出自己想要的样子。

为什么总是控制不住想要发脾气

“控制不住的怒火”

听见隔壁家母亲教训孩子，说“你为什么不好好学习”“你怎么就这么不听话”“我为你做了这么多，你怎么就这么不争气”……

再仔细听家长教训孩子的原因：这个孩子没有好好完成老师的作业，在学校欺负了小伙伴，家长被老师请，回来便教训了孩子。

我突然觉得这一幕好熟悉啊。我也曾经被家长教育过，我的朋友也曾经这样被家长教育过，不禁感慨：啊，我们都是这样长大的。

但就是一句“我们都是这样长大的”，让我突然想到，这个孩子的父母小时候是不是也很调皮呢？是不是也让父母操过心呢？这个孩子所犯的“错误”，这个家长是否也犯过呢？

如果这个家长也曾经如此调皮过，为什么对于孩子的错误要如此兴师动众呢？应该理解孩子的啊！

后来，我就问这个家长：“你打孩子的时候，你也很心疼吧。”

她说：“是。”

"那为什么还要打他呢？"

"他脾气太犟了！就是不肯认错。越打他还越来劲。"家长说起这些话时，眼圈红了一片，显然她也很心疼，也很后悔，"他要认个错，我就不会打他了啊。"

对抗

孩子都是自己亲生养的，连我们外人看着都心疼，父母哪里有不心疼的。

但为何当时就是控制不住情绪呢？

家长的一句话，我以为是戳中了关键点的——"他要认个错，我就不会打了。"

打孩子真的是你想要的吗？不是！

那么，为什么要打孩子呢？他要跟我对着干，我作为父母如果都教不了自己的孩子，那就太失败了！

看到没有，看似是孩子的抵抗激怒了母亲的愤怒，而实际上，真正让家长不得不打孩子的理由是：父母这个身份！在与孩子的冲突中，这位家长看到的是身份的对抗。

试想，如果这位家长看见别人家孩子同样不完成作业，被他们的家长打，估计她也会去劝和的吧。"小孩子嘛，难免会犯错！"

可别人家孩子犯错可以被你原谅，为什么你家孩子犯错，你就不能原谅了呢？

因为孩子不听话，不听我这个"家长"的话！——你看中的还是你作为家长的身份，而不是孩子！在身份对抗面前，事实如何已经不重要了。

事实上，促使我们行动的很多因素并不是这件事情本身，而是我们的身份认同。著名心理学家菲利普·津巴多做了一个著名的斯坦福监狱测验：他将普通的斯坦福大学的学生随机分配成两组，一组扮演囚犯的角色，一组扮演看守的角色。原本实验计划进行两周，但没想到6天就叫停了。终止的原因是这些参加实验的学生太入戏了，看守竭尽全力虐待犯人，犯人想方设法讨好看守。这个实验表明，影响态度改变的很大一部分原因是，在某种情境中，你看到的是你的身份而不是你的自己。

内疚合理化

家长怪孩子不认错，将自己打孩子的责任推卸在孩子身上——都是他犟惹的祸！

实际上，这也涉及一个重要的心理现象——自我防御中的合理化。即当个体的动机未能满足，或行为不能符合社会规范时，个体就会尽量搜集一些合乎自己内心需要的理由，给自己的作为安排一个合理的解释，掩饰自己的过失，减少焦虑、痛苦，以维护自尊免受伤害。

比如说，这个打孩子的妈妈，她当然知道这样暴打孩子是不对的，而其内心也很心疼，这种不适感会让她产生内疚的情绪。正常情况下，内疚是一种信号，提醒我们自己的作为不对，并采取行动予以纠正。但由于这个妈妈并没有纠正自己的行为，反而还是基于孩子的抵抗，继续暴打孩子，这种内疚没有办法通过行动的改正而进行缓解。这时，她就采取了合理化的自我防御机制，也就是制造“合理”的理由——“都是这个孩子不好”，来安慰、说服自己，从而避免精神上的苦恼。

如何控制自己的情绪

我们的认知决定了我们的情绪。换而言之，我们愤怒情绪的产生往往不是因为对方引起的，而是取决于我们自己看待问题的方式。

在这个母亲身上，我们无疑看到了两种认知：第一，孩子必须考好；第二，我们作为父母有教育孩子的权利，孩子应该听我们的话，孩子如果不听话（孩子激怒了我），就是和我对着干，我就要教训他。

然而，这两种认知是合理的吗？试想一下，是所有父母都会在意孩子的分数吗？同样的分数，为什么有的孩子不会挨打，而你的孩子就要挨打呢？换言之，这个母亲看似是因为孩子没考好才暴打孩子，实际上，是她希望孩子考好的需求没有得到满足，才发怒的。

其次，孩子和你对着干时，你教训他就会让他乖乖听话吗？显然也不是。这个孩子可能会更逆反，也可能会更加不信任自己的母亲。长此以往，这个孩子只可能越来越坏，而不是越来越好。而这种结果显然是背离了母亲希望孩子好好学习的初衷的。

有人会说：这道理我也懂啊，可是在气头上，就顾不上了啊！如何让理智占据上风，有一招很管用——反复问自己三个问题：我发怒的原因是什么？这个原因是合理的吗？我这么做的目的是什么？

很多时候，当我们知道自己在做什么时，理智就会顺利上线，而情绪也会退居身后。当你内心绷紧这根弦的时候，你会发现，其实生活中真的没有什么一定要发脾气的事儿，你也很难被别人激怒。

你可以放下那个放不下的她

“我都可以当挽回专家了。”

H失恋后，为了挽回女友，找了一家非常有名的婚恋公司接受挽回指导。每个月七八千的咨询费对于参加工作不久的H来说，并不是一笔小数字，不过H觉得，如果能够挽回女友，这些钱花得值。

婚恋师的技巧是：既然女友执意要分手，咱们就不能太过执着，可以先从朋友做起，减轻对方的压力。

H君觉得很有道理，并试着按照婚恋师的指导，在五个月内分别做了三次挽回：第一次，在朋友举办的派对上，H假装“偶遇”前女友，试图与其重新建立联系；第二次，写信给前女友，表达自己已经放下这段感情，让前女友不必有心理负担，从而避免拒绝和自己做朋友；第三次，在前女友考试前，整理复习资料发给她，试图增加前女友对其的好感。

但三次试图建立联系，却三次败下阵来。H觉得自己再没有希望了，感到很痛苦，所以向我寻求心理帮助。

“其实，我给她寄资料的那天晚上，她加我微信了，我真的好开心，但我特地没理她，过了十天，给她发了第二次资料，她说让我解释一下，语言里带着讥讽，于是我又受不了她这个态度，说了那些我为她付出的事儿，结果她就又把我删了。”H面露难色，“说到底，我还是不会体谅别人的感受，很懊悔没能控制住情绪，我真的好懦弱，一点儿讥讽就受不了。她已经不再理我了，我再也没有机会了。”H觉得功亏一篑，既痛苦自己再也没有机会，也懊恼自己没能控制住情绪。“三次挽回计划，都是这样失败的。估计她就跟看猴一样看我。”

“你现在对前女友的感情如何？”我问H。

“其实分开这么久后，对前女友的喜欢并没那么强烈了。”

“既然这样，为什么还会因为前女友拒绝而痛苦呢？”

H表示，自己之所以还如此执着痛苦，大概并不是因为有多爱前女友，而是自己不甘心。

“不甘心什么呢？”

“不甘心自己的付出没有得到回报！”

是啊，人的痛苦往往不就源于此吗！著名心理学家艾利斯曾罗列了11条导致人不快乐的非合理信念，其中一条便是“任何事物都应按自己的意愿发展，否则会很糟糕。”

我试图引导H：“你付出了哪些，又期待哪些回报呢？”

H：“我把我能做的都做了啊！而且这家婚恋公司非常有名的啊！”

“你的意思是，找了很牛的婚恋公司进行指导，你就必须能够挽回前女友吗？”

H沉默。

我继续说：“如果婚恋公司的咨询一定会有效的话，那么，是不是意味着所有失恋的人都可以花钱请咨询公司出谋划策，来挽回前任呢？”

H说："你说得有道理。不过，并不是所有人都会请婚恋公司。我说这一点是想表示，我比其他想要挽回的人，做了更多，我要挽回前女友的决心更大。"

"所以，你的意思是，其他没挽回成功的人，都是因为决心不足？"

"至少，他们没有我付出得多。我在时间、金钱上都有所付出！"

"只要肯花钱、花时间，就必须得到我们期待的结果吗？"

H又沉默了："这样说好像不合理，但我就是觉得不甘心。"

是啊，道理不是不知道，只是不允许发生在自己身上罢了。这其实是我们人类常见的一种错觉——大多数人都认为自己比别人拥有更好的未来。心理学上对于个人的乐观假象也做过很多实验。比如，一位心理教授，让自己的学生预估自己完成一个课题的时间，结果76%的学生认为自己可以在规定时间内完成课题，但实际上，最后真正完成了该项课题的学生只有19%。

我继续引导H："我们假设另一种情境，假如今天有人对你穷追猛打地追求，你一定会接受这个人吗？"

"确实也有姑娘追求过我。但我对她不来电。"H还在挣扎，"可是，这个姑娘我从来没有喜欢过，前女友对我是有过喜欢的！"

"每个人的感情都是会变的。你固然可以要求自己始终如一，但你不能要求对方也像你一样一成不变啊！"

H第三次沉默。我继续说："有一个人际交往的'黄金规则'叫'像你希望别人如何对待你那样对待别人'，然而，我们现实生活中，却常常将这条黄金规则反过来实践，我们总是期待'我如何对待别人，别人也应该如何对待我'。"

H点点头："这些都对，可是，我付出的时间、精力都算什么呢？想到这里我还是不甘心啊！”

我笑笑说：“你不是都可以当‘挽回大师’了吗？你的这段情感经历是你独一无二的，它最起码可以为你未来的人生提供经验帮助啊！”

H也笑了：“是的，我还可以写博客，写故事，或者也开家挽回机构。”

认清你的不合理信念

正如同那个控制不住自己情绪而暴力殴打孩子的母亲，那个因为挽回失败而痛苦懊恼的H，很多时候，我们的消极情绪并非仅仅由事件本身引起，而是源于我们对事物的不合理认知。

我们之所以会形成现在的认知模式，离不开我们的人格特征以及过往经验。不过，认知模式并不是一成不变的，只要我们认识到自己的不合理信念，并对其进行修正，替代以合理的信念，我们不良的情绪症状就能得以改变。而这种通过改变自身认知进行情绪调整的方法在心理咨询上被称为认知疗法。

认知疗法中最广为人知的一种叫合理情绪疗法。合理情绪疗法是美国著名心理学家艾利斯于20世纪50年代首创的一套心理治疗理论和方法，艾利斯通过临床观察，总结了生活中常见的产生情绪困扰甚至导致神经症的11种不合理信念。后来，很多学者对这11条不合理信念进行了归纳和简化，指出绝对化的要求、过分概括化以及糟糕至极是这些非理性信念的三个主要特征。

绝对化的要求是指个体以自己的意愿为出发点，认为某一事物必定会发生或不会发生，这种特征通常是与“必须”“应该”这类词联系在一起。比如，打孩子的母亲，就是将“孩子听话”绝对化了，而因挽回失败而痛苦的H就是将“付出必须得到回报”绝对化了。

过分概括化则是一种以偏概全的思维方式，它是个体对自己或别人的不合理评价，其典型特征是以一件事或某几件事来评价自身或他人的价值。比如，一个不善言辞的人总是演讲卡壳，于是就认为自己一无是处。某个你不喜欢的人冤枉或批评了你，你就认为这个人“品行不好”。

糟糕至极则是一种把事物的可能后果想象、推论到非常可怕、糟糕的境地。比如，高考失败，有人会感到十分痛苦，认为“我没能考上心仪的学校，以后肯定找不到好工作，没有好工作就没有好婚姻，啊，我的人生都完了！我的人生理想无法实现了！”

上述不合理的信念必将导致不合理的情绪，不合理的情绪作用于自己，便是深深的自责、懊恼、愧疚。不合理的情绪作用于外界，就变成了对他人的攻击、发脾气，甚至是肢体冲突。

值得注意的是，通常绝对化的要求、过分概括化、糟糕至极这三种非理性信念会同时出现。举个例子，你的上司突然和你说：“小张，上个月你的工作量是倒数第三，我对你的表现有些不满意……”听到这样一句话，你可能会产生焦虑，而让你焦虑的原因是“你必须表现得很好（绝对化），否则就会被人笑话，甚至被下岗（糟糕至极）。领导通过一个月的工作量，就对我失去信心，真是一个不讲情面、不通人情的人（过分概括化）”。

理性情绪疗法认为，人是理性的，也是非理性的，人们的负面情绪是由非理性的信念导致的，只有改变了自己的不合理信念，才能够缓解或消除不良情绪。因此，如果不开心了，难受了，不妨想想让自己产生消极情绪的信念是否合理。请相信，只要我们尽可能保持思维的理性、缜密和准确，我们就能最大限度地减轻情感的不适和消极的情绪。

知道却做不到，其实只是用错了的方法

合理情绪疗法的理论假设是：人的理性可以战胜非理性。

但有些时候，我们会发现这很难。比如，你明明知道抽烟有害健康，你还是抽烟。想减肥的你知道甜食会让你长胖，却还是管不住嘴巴。比如，知道晚睡会对第二天学习工作造成巨大的负面效应，但是每天晚上你依然要熬夜打游戏、刷手机、看韩剧……这就是我们常常说的知易行难。

为什么很多道理我们都知道，却做不到呢？因为知道是理智层面的，而做到很大程度取决于我们的自动反应。自动反应是一种自动化输出，只要具备了某种情境，它就会发生，如饿了要吃饭、困了要睡觉这类的本能反应以及后天养成的烦了要抽烟、睡前要刷手机这类的条件反射。而理智行为是一种需要经过思考后的决策，它不仅需要反应时间，也需要消耗大量的意志力，而人的意志力非常有限，没有补给，难以再生，是一种非常宝贵的资源。

为了研究人的意志力对人们行为的影响，科学家们做过这样一个实验：研究人员要求受试者在数小时内不许进食，随后将没有进食的受试人员分为两组，其中一组可以随便吃，另一组则被要求放弃点心，只能吃小萝卜。虽然第二组受试人员成功抵御了甜食的诱惑，但在接下来的高难度拼图游戏中，表现得比第一组更缺乏耐心。实验表明，当我们因为某件事情、某种情绪大量消耗意志力后，人就会变得疲惫，进而在其他事务上难以自控，表现出脾气暴躁、决策失策等。

因此，无论是从反应速度，还是从能量损耗的角度来说，认知反应的效率远远低于自动反应，这也就是为什么我们的理智来管理我们的行为，往往会功亏一篑的原因。

那么，有什么办法可以改掉这些坏习惯吗？

有！让认知反应变成自动反应！换句话说，依靠刻意练习，在旧习惯的发生情境中，培养出一种新习惯来替代旧习惯，这样当某种情境出现时，自动反应就不再是以前的坏习惯了。

值得注意的是，建立新的自动反应并不是一件简单的事儿。很多人想养成新习惯却失败了，以至于产生了习得性无助，认为改也改不了，干脆不改了。因此，在培养新习惯时，一定要注意简化习惯的复杂性，降低习惯的难度。

具体而言，要改掉坏毛病，养成新习惯有以下四个步骤：

第一，要明确我们要改变的行为是什么。

第二，找到促使该行为发生的情境。

第三，找到替代性行为。

第四，进行强化。

原理看上去很抽象，接下来，我将以打游戏、刷手机等成瘾行为为例，来说说如何养成新习惯，改掉坏毛病。

如何克服打游戏、刷手机等成瘾行为

许多宣称失眠的人，往往都有一个共性——睡前看手机。

我也是这样。最开始只是想放松一下，所以自动地拿起了手机看剧、刷网页，然后越看越停不下来。其实，事后想想这些电视剧也没什么好看的，我在刷网页的时候，也没真正在看什么东西。

然而，时间就这样刷掉了。其间，自己也多次想提醒自己早点儿睡，但行为又总是不听使唤，然后，我又给自己找借口说，再看五分钟。结果，一个五分钟过去了，又一个五分钟过去了，我还在继续刷。

一边刷，我还一边懊恼着。本想放松，却越来越不放松。耽误了时间，耽误了睡眠，我的心情并没有因为刷手机而感到轻松，反而是深深地焦虑和不安。我的自我效能感严重地降低了。

后来，我发现很多打游戏的人也是一样。最开始都是想放松一下，想暂时逃避一下现状。然而，越是放纵，越是停不下来。

我问这些游戏成瘾者，你们打游戏时会不会和我刷手机时一样的纠结呢?

有人说，是。有人说，不是。

然后我又继续问了几个说“不是”的人，他们是怎么想的。

其中有个很有代表性的回答说:“有的时候，工作压力会很大，只有通过打游戏暂时逃避这种压力后，我才能重新打鸡血，充满活力。一般来说，打游戏并不会让我非常焦虑，只有在它耽误了事儿的时候，我才会焦虑。比如，我过年回家打游戏，不耽误工作，我就不会焦虑。”

我说：“那么，你打游戏的时候，是不是可以看几本书呢？”

他若有所思。

我继续说：“如果游戏带给你的仅仅是放松，那么读书带给你的是不是有愉悦呢？”

事实上，几乎我问过的所有人都一致回复：看完一本书，是会感到开心，因为读书会让人感觉自我得到了提升。相反，打游戏或者玩手机，绝大多数人在最大程度上仅仅是获得了“放松”，与此同时，“放松”还容易一不小心变成“放纵”，最后耽误了事儿，还降低了自我效能感。

那么，如何克服成瘾行为?

我想当你看到这里，已经是克服成瘾行为的第一步了。因为上述感觉你可能也有过，但是没有被清晰地拿出来表达过，就不会有清晰的认识。而当你清晰地意识到成瘾行为，并不能带来快乐的时候，其实你已经成功了一半（即第一步，明确要改变的行为）。

其次，找到促使该行为发生的情境（即第二步）。成瘾行为一定会有个情境激发。比如，我在睡前躺下的时候，就会刷手机，比如，有人在学习、工作特别累的时候，就会打游戏——这个睡前的状态和疲惫的状态，就是触发我们行为的情境。

想要纠正这些成瘾习惯，可以试着在该行为发生的情境出现时，采用替代性的行为来纠正自己（即第三步）。比如，在睡前就不刷手机，而是听听音频之类的有声读物（现在有很多很棒的有声读物）。比如，在学习工作疲惫，想要拿出手机打游戏的时候，放弃玩游戏，选择读读书，或者做一会儿有氧运动。

事实上，当你不再在睡前刷手机看剧，而是把注意力集中在耳朵，关闭了其他的感官系统时，你会发现，自己其实是能很快入睡的。而当你在疲惫时，不再玩游戏，而是看了几本有意思的小书或者进行了小时段的有氧运动时，你会发现，你不仅不会再想打游戏，反而会有很好的愉悦体验（即第四步，实施强化）。

我这样做了，很有效，也成功帮助一些沉迷于刷手机、打游戏的同学克服了这些成瘾行为。

巨大痛苦让我想自杀怎么办

2016年末的一则新闻，深深地震动了我。29岁的女记者小叶（暂且这样叫她）为情自杀。大概是因为同行的缘故，我对小叶充满了同情和遗憾。

根据小叶自杀前发布的微博内容，小叶自杀的原因是未婚夫出轨了。小叶和未婚夫是异地恋，二人已进入谈婚论嫁的阶段，小叶也准备辞去工作到未婚夫所在的城市生活。然而，让小叶猝不及防的是，未婚夫突然提出分手，还和单位的另一个女生好上了。

小叶自杀后，不少小叶生前的朋友表示，分手后的小叶虽然情绪不佳，但并未有过寻死念头，还坚持完成了最后的工作。大家指控，促使小叶做出这一举动的原因是，小叶辞职后来到未婚夫的城市，试图与其沟通，却遭到了拒绝。最终，小叶心灰意冷之下，才选择了自杀。

小叶为情自杀的新闻很快被广泛关注。有人痛斥其未婚夫的无情，也有人为小叶感到惋惜，大家普遍的感叹是：傻姑娘，为渣男自杀，不值得啊！

小叶其实一点儿也不傻。名校毕业，事业有成，这样的姑娘智商哪里会低？更何况，小叶还是一名记者，见多识广，也不至于连这点儿道理都不懂！说到底，还是在那一瞬间，没缓过神来！

为什么没缓过神来？仅仅是对未婚夫的怨恨吗？可能没有这么简单。

小叶在自杀前发布了一些微博，回忆了两人在一起的点点滴滴，其中不乏二人的微信聊天记录。从这些对话中不难看出，她的未婚夫是一个非常会讨女生喜欢的男生，“我每次离开你的时候，就开始规划下一次的见面了，当不能完成时，整个人都失落了。”“我要见你，你是我的女朋友，我要陪伴你，你需要我，我就要出现，不管天南海北，因为我爱你！”“我的心事不是一两句能解开的，就像抱你在怀里说不完的情话”……从这些支离的聊天记录中大约可以看出，在两人的关系中，一般都是男生哄女生，女生是一个被呵护着的状态。

正如小叶遗言所说，“你变得太快了，你连给我缓冲的余地都没有”。相比于未婚夫的绝情离开，也许更让小叶无法接受的是，那个自己从来没有想过会离开自己的人，那个理所当然会更爱自己的人，却毫无征兆地爱上了别人，和别人在一起了。

我在被分手的时候，其实也经历过这样的时期。在外人看来，我和前男友的关系中，我处于条件比较好的一方，在世俗的观点里面，他似乎是不可能抛弃我的。加上此前他是追求者，我是被追求者，在某种程度上，我确实抱着一种小公主的姿态认为对方就应该呵护着我，应该永远不会离开我。

然而，他却离开我了。当他突然将我从好友名单中拉黑时，我感觉世界都塌下来了，我似乎看不到明天了，我也想要自杀。好在当天妈妈买了当晚的机票飞来陪伴我，否则恐怕我也无法在电脑面前，写下这些心事。

时隔多年后再回头来看，曾经想要为他放弃生命的我，其实也并没有自己以为的那般深情。不过，当时想要结束生命的信念却是的的确确存在过的。仔细想来，大概有两个方面的原因——意外和不甘心。意外一个不会离开自己的人竟然离开自己了，为自己付出了多年的感情竟然一无所获而感到不甘心。

于是，在多次挽回无效的情境下，自己更加不服输（这是人的本能所导致的，你越得不到的就越想得到），在认为对方还对自己尚存感情的念想下，试图用自杀这种极端的方式，引起对方的注意以及让对方愧疚，以达到惩罚对方的目的。

网络上很多人心疼地“指责”女生“傻”，为了一个劈腿男而放弃生命，值得吗？其实，女生哪里不知道这些大道理，但在那种情境下，又有谁能够真的控制住自己想要扳回一局的欲望？

实际上，导致小叶一念之差结束性命的正是她一个人在深夜，绝望、孤独地面对未婚夫的背叛和拒绝！从某种意义上说，杀死小叶的是她的孤独——未婚夫的拒绝动摇了她的归属感需求，身边无人陪伴加剧了这种需求的缺失。事实上，当时只要有人在小叶旁边陪她撑过这几天，小叶一定就能缓过神来。

可惜，小叶没有对外寻求这种情感支持。也可惜，那些爱着小叶、关心着小叶的亲人朋友没有意识到这一点。正如小叶的朋友回忆时所说，小叶在刚被分手时还能好好工作，因此小叶的亲友们很可能以为小叶能够自行化解这种痛苦。

然而，他们不知道这种可能只是假象。事实上，在遇到重大事件后，我们的情绪反应通常都会滞后些，人们会靠着强大的思维控制住自己的情绪。然而，情绪不出来，身心会被堵住，所以在无意识间，情绪还是会释放，而这些又不为我们的意识所接纳——我们的理智告诉我们要冷静，最后就会出现短暂的心智失控，比如自杀等。

如果关心小叶的亲人朋友，或者小叶的这个绝情的未婚夫能够意识到“人的情感具有滞后性”这一点，在小叶看似没事后，还能给予关注和陪伴，也许情况就会有很大的改变。而小叶如果能在痛苦来临之时，拨打求助电话，寻求情感陪伴，也许她今天依然能够笑靥如花。

可惜，没有如果。

从“想不通”到“想通了”的进阶

假设小叶熬过了这一晚，小叶也许不会再轻生，但不可否认，在很长一段时期内，每当想到未婚夫的绝情，小叶还是会痛苦万分，在某些瞬间，小叶还是会陷入“想不通”的死胡同。

在我们想不通的时候，有什么好方法，可以帮助我们理顺情绪呢？

在合理情绪疗法中，我们已经知道，影响我们的往往并不是事情本身，而是我们对事情的看法。但有的时候，深陷痛苦之中的我们，很难自省到自身的不合理信念，或者虽然明白自己的情绪不合理，但就是难以跨过这道“情绪坎”。有什么思维方式，能够帮助我们快速想通吗？

简单又好用的方式就是，换个视角看问题。常用的视角有三个：即他人的视角、未来的视角、过来人的视角。

先说他人的视角。我们觉得一件事儿过不去，常常是因为觉得这件事情关系重大。而实际上，事情发生在自己身上，都容易放大事情的严重性。比如，一个人被老板炒鱿鱼，我们外人无非只是感慨，“唉，这真的是一件不幸的事儿”，但一定不会认为“被老板炒鱿鱼了，这个人日后一定在职场上会没有立足之地”。然而，后面的这种想法，还真的常常就是很多人被炒鱿鱼之后的感受。相比被炒鱿鱼要面临重新找工作，可能会有几个月拮据的生活，更令他揪心的是，他开始怀疑自己的价值了，他害怕别人因此不认可他。可是，只要换个角度想想，如果今天被炒鱿鱼的是你的朋友呢？你会不会因为这一件事，就认为朋友工作能力差？

接下来，就是用未来的视角来思考——如果十年以后，自己回头看这件事，当下这件令自己苦恼的事是否还如此重要呢？事实上，很多事情，过了若干年再回头看，都是小事情。不信你回忆一下，十年前让自己哭得痛不欲生的事，今天是否还觉得如此重要呢？我回忆过，小的时候我的一个好朋友因为有了另一个好朋友而忽略了我。我当时简直气炸了，心里埋怨朋友：我对你掏心掏肺，你却背着我和别人好，我付出了感情，而你却不回应我。然而，今天回过头看，很多当年没有任何嫌隙的密友，都被时间自然而然地冲散，一段关系在我们的生命中真的没有那么重要。

最后，我们可以从过来人的视角来思考。以小叶的案例来说，我们可以参考某著名演员的案例。你看她，事业有成结婚生子，丈夫却中途出轨。她的痛苦一定不会比小叶少，可是她是怎么处理的呢？“且行且珍惜”，一句珍惜，不仅收获了舆论的好评，现在的生活也依然美好。

换个视角看问题，你会发现，很多当时觉得难以跨过的坎，其实都能过去。

束缚你快乐的不安全感

35岁的T先生是某大型企业的高管人员，年薪50万元。妻子是某电视台的编辑，年薪也有10多万元。两人本都是北漂，辛苦打拼数年后在北京买了房，落了户，后来T先生为了发展事业，去了南京，而妻子则留在北京。

异地的感情确实经不起考验。多金又充满男性魅力的T先生，在空虚寂寞中，还是出轨了。妻子发现后，大吵大闹，于是T先生索性说，离婚吧，我们之间已经没有了爱情，房子归你。

听到T先生是这态度时，明明受了委屈的X女士突然不哭也不闹了，反而是各种乞求T先生别离开。对于X女士而言，毕竟从大学开始谈的感情，如今都快15年了，T先生就是自己的一部分，她无法割舍这段关系。

T先生看着眼前的女人如此卑微乞求，也忍不下心，于是两人又回到了以前的生活。

但X女士的心并没有放下来，此后盯梢更紧了，每天晚上要求T先生视频直播自己的生活。

T先生因此推了不少饭局，工作也受到了影响。T先生说："不然，你来南京吧，咱们把北京的房子卖了，你在我身边，也就不用担心我有什么不轨的行为了。”

X女士觉得T先生说得有道理，但始终还是没下定决心——她还有两样割舍不掉的东西。房子卖了，北京的户口咋办？工作辞了，编制咋办？

于是，X女士只好继续担惊受怕地盯梢，而T先生也在被监视的过程中对X女士日增反感。两人感情消磨殆尽。

我并不想讨论爱情问题。只是心疼X女士既放不下感情，又放不下编制，还放不下那个北京户口。想要的太多，终为其所困。

有人是囿于爱情和安稳的工作，有人则是囿于快乐和安稳的工作。老田是一名电视台的记者。因为制片人之间的斗争，她成了牺牲品——几夜不休不眠加班出来的片子，石沉大海。不仅如此，她受了委屈，她的制片人非但没有一句安慰，反而责怪她：谁让你片子拍得差！

“片子要挑问题总是能挑出问题的！况且我的片子被毙掉，根本不是片子质量的原因，就是他们之间为了自己的利益，斗来斗去，才牺牲掉我的！”老田跑来和我诉苦。

我说：“得，那咱就不去了呗，又不是找不到好工作。外面的广告公司，比你这儿赚得多多了。”

老田抹抹眼泪，叹口气说：“唉，想进电视台不容易啊，当时家里也是托了关系才进来的。铁饭碗啊，我要砸了，我爸妈都不饶我！”

就这样，因为舍不得铁饭碗，老田继续忍受着委屈与不甘。只能偶尔来我这边发发牢骚，掉掉眼泪。

最近，她告诉我，她有轻微的抑郁症。

为什么明明有的选，却又偏偏把自己的路给堵死了呢？说到底，还是安全感！北京的户口、单位的编制是X女士的安全感，体面的电视台工作是老田的安全感。

不仅是老田和X女士，为了追求或维持所谓的安全感，我见过太多过得压抑且不快乐的人。如果你不走近他们，你会觉得他们过得很滋润，但只要深入其中，你会发现这些所谓的新兴中产阶级，他们过得非常压抑。他们没有自己的生活，领导一个电话，便可以让刚回家的自己，立刻穿上衣服赶回加班。他们过得小心翼翼、胆战心惊，领导一个异样的眼神，便可以让自己一天吃不下饭。他们成天成天地卷入各种办公室战争，主动或被动，知心朋友越来越少，对他人的信任感也越来越少。

我问他们，如此不快乐，为何不放弃这份工作，换份压力小一些的工作呢？

有人说，自由谁不想啊，可压力小的工作，肯定工资不高，饿死病死怎么办？

这些对“安全感”的需求实则是人的求生本能。然而，这已经不是一个会被饿死的时代。就算去打零工，也够活了！

有人又说，没有足够的积蓄，万一急需用钱咋办？

这也很好解决啊，去买份保险，不就成了吗？虽然我们的社会福利还有待完善，但早已不是以前那个需要稳定物质来源才能保障的时代了。

还有人说，我坚持手头的工作是为了保持阶级优势，只有掌握更多的社会资源，不被他人奴役的自由度才越高。

我觉得这实在是一个天大的悖论。事实上，保持阶级优势就是我们最大的痛苦来源。越靠近金字塔顶端，资源就越稀缺，压力也就越大，一旦陷入这场争夺阶级优势的游戏，也就等同于和自由的快乐说了再见。一不小心，还会失足。

况且，如果你过分依赖通过阶级优势获得的优越感，当你有一天退休，这一切都瞬间变为零的时候，请问你又该如何适应？事实上，很多人退休之后所产生的不适，就是来自这种角色中断。因为他们太依赖这身份角色了。

事实上，我说的这些绝大多数人都知道，但迈不出这一步。为什么？还是怕，怕改变带来危险。对于这种怕，我的建议是：你可以拿出存款给自己一两年的时间尝试，去一个自己能够接受的环境，做一份令自己发自内心感到快乐的工作。如果觉得还是以前的生活更好，大不了，再回去呗。

但我知道，一般尝试了一年以上的人，绝大多数都不愿再回去了。

应对选择困难的五点干货

我们都渴望自由，渴望更多的自主决策权。

然而，过多的选择在某种程度上却成了我们更多不适的来源。一方面，决策意味着消耗精力，而我们的精力是有限的。另一方面，更多的自由决策也意味着我们要为自己的选择负责，后悔的情绪也就由此而来。

比如，刚毕业的大学生，有一份差事能够养活自己就不错了。可是现在有了工作的你又开始愁到底是找一份薪水高但自己不喜欢的工作，还是找一份自己喜欢但薪水不高的工作。比如，打光棍儿的穷小子能找个媳妇儿生儿育女就不错了，而条件不错的你却在考虑到底是找一个胸大的姑娘，还是找一个聪明的姑娘……

选A还是选B？选了这个选项，未来如果有更好的怎么办？苦思冥想，倍感焦虑。

有没有什么方法可以供我们决策呢？

持续痛苦的背后一定有所获益

首先要了解你决策的问题。事实上，很多时候，困扰你的决策并不存在。

为什么这么说？

先看一个例子。很多人问过我这样一个问题：要不要和男朋友分手。

我常常会反问：你这个问题想了多久？

朋友往往会说：我已经纠结很久了。

我会说：既然纠结很久，为什么还和他在一起呢？

于是她又会说：其实他人也很好的……只不过……

看到了没有？持续痛苦的背后一定有所获益。比如，男朋友虽然不成熟，却正因为这份不成熟，你们之间的感情才纯粹，生活有了激情。比如，爱人虽然常常和自己拌嘴争吵，但有得吵说明彼此都在意对方，总好过形同陌路的僵尸夫妻吧。

事实上，很多反复出现的决策痛苦，往往就是因为没有真的做出过改变。为什么没有真正的改变呢？因为改变的代价更大。还是以上述问题为例，如果此前选择了改变（分手），你的机会成本将是爱人的陪伴和关心。

所以，有些反复出现的选择难题，事实上我们并不急于改变，或者它根本也不是问题。这类问题，其实也就是情绪型问题，往往找个人说说话，释放下情绪就好了。

有时，你可能根本没的选

人类很多痛苦往往属于自扰型。

以选择为例，很多时候，看似你在纠结的选择，其实根本就不存在。

比如，早上一起来看见外面刮大风下大雨，这个时候，你在选要不要去上班？

比如，一个大学生说对自己的专业完全不感兴趣，老师讲的内容自己也全懂，能不能翘课去做更有意义的事儿？

比如，一款豪车正在打折，要不要趁着便宜赶紧买一辆……

说实话，这一类的问题，往往都属于假性选择题，换句话说，你的决策权非常小。

如果你还想要这份工作，你能不去上班吗？

如果你想顺利毕业，翘课又要扣学分，你能不去上学吗？

如果你连驾照都没有，豪车打不打折和你又有什么关系呢？

而没有决策权的问题，不叫决策，叫适应！换句话说，你应该想的是，如何避雨上班，如何在课堂上利用45分钟做有意义的事儿，要不要去考个驾照，怎样快点实现财务自由。

37%法则帮你做决定

此外，数学家们从数学概率的角度也为我们日常做决策提供了方案。

你是不是也常常有这样的体会，选了这个就怕还有更好的在后面等着，不选又怕错过手头这个？比如说一个要买房的人，由于不确定房价未来的走势，也不确定能不能遇到性价比更高的房型，于是看了又看，这一看不要紧，万一这房价又噌噌地往上涨了，现在的犹豫便可能变成日后的悔恨。

那么，该怎样做才能平衡“最佳”和“不后悔”呢？《指导生活的算法》一书（布莱尔·克里斯丁、汤姆·格里菲斯著）指出，统计学中“37%法则”或许是解决之道。所谓“37%法则”，就是在决策前，先观察前37%的选项情况，但不做决定，只记住最好的那个，从第38%开始，只要感觉比前37%的好，就马上决定、选择。

“37%法则”能在求职、购物、相亲等多种情况下使用，以最高的效率得到最好的结果。“37%法则”也提示我们，前期先不用着急，多观察、了解，到中期以后，一旦遇到好的就要抓住，不能再想“还有更好的”，否则就会浪费精力、耽误时间。

找到内心的答案

往往两难的选项，并无优劣，只在于你更倾向于哪一个选项。

于是，这类问题的关键便在于如何了解自己。

很多人说，奇了怪了，我怎么就不了解自己了。说真的，你还真的不了解自己。事实上，我们往往因为一些客观成见而压抑了自己的内心想法。

从我们呱呱坠地起，家庭、学校、大众媒介与我们身边的朋友，通过教化和个体之间的互动，造就了我们更好地活下去的本领。但与此同时，我们的价值观、我们的理想、我们的需求、我们的欲望，也为其所驯化。于是你本能地倾向于某些选择，而忽略了自己的因素。比如，在择业时，你倾向于选择父母眼中的好工作，如公务员，而实际上，对于公务员的工作你可能根本没有兴趣，兴许你的特长更适合做销售或是健身教练等不被你父母看好的工作。

然而，社会是多元的，尤其在这个时代，这是一个任何职业都能够发光发热的年代，只要你不是逆着社会价值观来，就能活出自己的价值。

此外，有的时候你也可以跳出来看看，除了眼前可供选择的选项外，是不是还有其他的选项？

比如，我从前有一个朋友，因为成绩优秀，快毕业时导师推荐了两家很好的工作offer给他。没选择可怕，有选择有时也很可怕，结果他开始纠结，到底是A公司适合自己还是B公司更好。其实如果他跳出来，他会知道，就算不选这两家公司，世界这么大，他完全可以去更心仪的公司啊。请记住，有的时候让我们陷入选择困境的其实是选项本身。

沉没成本和机会成本

最后，要反复强调的还是沉没成本和机会成本的概念。

沉没成本是指，由于过去的决策是已经发生了的，而不能由现在或将来的任何决策改变的成本。我们生活中有太多人沉溺于已经投入的成本中不可自拔，明明知道选错了，也不忍心放弃，总是想着再坚持看一看，他们往往为了弥补损失，还会错上加错，继续加注，导致最后的失败一发不可收拾，不少企业正是因此走入破产绝境的。

实际上，要知道总结经验然后重新开始远比懊悔来的重要，因为懊悔的时间，足够你再来一次试错了，机会成本正是提醒我们这一点（机会成本是指为了得到某种东西而要放弃另一些东西的最大价值）。

请记住，任何一件事情，都有隐形的机会成本，别被过去的错误拖住腿，是我们走出困境需要具备的重要心态。

第四章

亲密关系，我们成年后的发育加速期

在亲密关系中，我们都是受伤的孩子。

为什么你总在爱里受伤害

从小事争吵到分道扬镳

D先生和C小姐常常因为一些鸡毛蒜皮的小事吵架。

几个回合下来，C小姐心碎了，她觉得D先生就是不爱她，她要和他分手。

D先生也很委屈：我哪里不爱你了。于是，两个人跑来找我倾诉。

说是倾诉，其实更像是一场辩论。两个人都执意认为对方有错在先。

C小姐最先发言："两个人在一起不就应该是相互照顾的吗？可是，他非但不会照顾我，还成天挑我的错。比如，我做好了饭等他来吃，他不说谢谢，反而会说'你这道菜盐放多了''你其实可以这样做'之类的。他不是在挑刺，就是在教育我。挑刺儿谁不会啊！他要不喜欢可以自己做啊！"

D先生马上打断："我不是挑刺儿，你知道吗？她是那种超级不讲究的人！是会把鸡蛋壳和鸡蛋一起放到锅子里炒的人！而且我也不是在家里没有做事儿，我做的事儿还不够多吗？"

"我没有说你没做事儿！我只是说，你不应该挑刺儿，你看不惯的，你可以自己做！"

“你刚刚明明就说了！不信你问她！”D先生说着，便用眼神指了指我。我没接话。D先生继续说：“事实上，我也不是要挑剔她，指出她的问题，是为了让她下次改进啊！”

“哼，你就知道让我改进。你总是在教育我。你是老师吗？你是法官吗？你没有错吗……”C小姐开始用“你”替代“他”了。

我意识到这样纠缠下去并不利于问题解决，打断道：“除了这件事儿，还有吗？你刚才说，D先生不关心你？”

C小姐：“是的，他连我生日都会忘。”

“我哪有忘？”D先生显然有些激动，便抢了话：“她生日那天，我刚好出差，没办法赶回来。所以就没陪她过生日。”

C小姐：“你是可以回来，却选择不回来。”

D先生面向我，继续说：“那天本来是可以赶晚上的飞机回来的。但到得会比较晚，而且我出差一路也很累，就想着在当地休息一晚。这事儿，之前也和她商量过，说不能回来陪她过生日了，她也说可以，还让我以工作为重。谁知道她后来就突然爆发了！”

C小姐：“我是答应了你可以不回来陪我过生日，可是你起码得说声‘生日快乐’吧！”

D先生：“我是打算回来帮你补过生日的！”

C小姐：“补过生日和说‘生日快乐’矛盾吗？”

D先生：“一句‘生日快乐’有那么重要吗？”

C小姐：“有！‘生日快乐’的问候代表的是‘重视’，是你记得这个日子！”

C小姐突然眼圈红了，声音提高了几个音阶，有点儿带着吼叫地说：“我生日那天，他忘记了我的生日，让我生气，我本来是控制住了自己的情绪的，只是在电话里说，‘我今天过生日，你都没有和我说生日快乐’，可你知道吗？他不仅没有补一句‘生日快乐’，还在电话里说我是大小姐脾气，最后还挂断了我的电话……”

D先生有些胆怯，转向对我说：“我承认我做得有点儿过分。但我当时真的好累啊，出差本身就是特别消耗体力的事儿，她在电话里一直闹腾生日，我头都大了，就想让她冷静下来，再和她说……”

“哼，冷静……对，你多冷静啊。”C小姐冷冷地说，“看到了吧，他就是这样的人。我们每次吵架，我都睡不着，但他还可以睡得打呼。矛盾是影响不到他的生活的，他根本就不关心我。”

D先生：“你的意思是，你失眠，我就一定要陪你失眠吗？”

C小姐：“我是说我影响不了你，因为我不重要……”

接着C小姐开始机关枪似的诉苦，D先生愤然起身，到门口抽起了烟。

C小姐抽泣起来，委屈得像个孩子。

冷暴力与控制

在他们“倾诉”的模式中，我似乎也看到了两人日常的相处模式：由小矛盾发生争执，争执中一定要比个高下，双方不肯退让，最后D先生撤离，C小姐失望——因为D先生的撤离让C小姐感到对方不关心自己，于是加剧了内心的不安全感。

也许D先生撤离的初衷是让双方冷静一下——因为在D先生看来，C小姐已经是无理取闹了，在情绪上双方都没办法好好沟通，冷静一下对大家都好。然而，在C小姐看来，撤离其实是一种冷暴力，她感受到的不是冷静，而是冷漠。毕竟，常识告诉我们，只有对不在意的人，我们才能做到不受其扰。

事实上，C小姐责怪D先生在两人冲突时，还能安然入睡也是一样的道理。经验告诉我们，在意的事我们会为之干扰。你不被我所扰，那就说明你不在乎我！因此，C小姐内心的OS是：你都不爱我了，我干吗要和你在一起？

但D先生显然是在乎C小姐的，不然C小姐要分手，他也不会来找我进行援助。而在女生的倾诉过程中，我能明显感受到，C小姐还是非常在意D先生的，并且依恋着他，舍不得分开。

但请注意，我用的词是“依恋”。“恋”字其实很有意思，是“变”“态”二字分别取了上下部分，我理解为：变态的爱即为恋。当然，这里的变态我并不认为是个贬义词，而是中性的描述：不正常的爱。

因为健康正常的爱，是能够正确表达爱意的。而C小姐一边爱着，一边又嚷着分手，其实是种逼迫性试探。就如同很多人拿着刀对着脉搏，威胁对方顺从自己的意愿一样，带有浓烈的强迫意味：你不满足我，我就死给你看！很多电视剧中会出现这样的桥段，令人诧异的是，评论区大家通常会同情强迫者，因为人们常常将偏激的行为等同于浓烈的感情。

感情是有的，不然不会有逼迫。但浓烈与否，有待讨论。因为“被逼急”的着火点，有人高，有人低。如果，你一点就着，说明这是你的日常处事方式，是你偏执的人格特点，那就不一定代表感情浓烈了。

不可否认的是，C小姐确实是被逼急了。因为D先生总是习惯性地在情绪中抽离。C小姐内心潜意识是：我要与你沟通，你却抽离了，你不愿与我谈，我就逼你和我谈，什么方式能够逼迫你呢？无非就是“分手”——这是关系的终点，是最有效的撒手锏。

然而，这一招通常还很好用。D先生确实会在这个时候表现出极度的重视，于是就开始求饶。只要有了对话，只要有了沟通，其实很多事，就很好解决了。事实上，这次请求支援后，两人手挽着手地回去了。

男生的“冷暴力”激发了女生偏执的“威胁控制”，通常是激化双方关系破裂的原因。在C小姐和D先生的案例中，是女生的“闹腾”让男生抽离，但生活中更常见的一种是：女生的“假装没事”让男生抽离。

比如，女生心里明明生气了，你问她“怎么了”，她通常回答的是“没什么”。然而，口中虽然假装没事，内心却波涛暗涌，这是一种试探、一种被动攻击。而男生往往神经大条，你说没事，我也不知道怎么跟你沟通了，那就干脆不沟通。于是，女生的情绪就被点燃：你不关心我！你不爱我。

多几个这样的反复，双方都会有种错觉：性格不合，分手吧。

依恋模式

然而，分手后就能找到合适的对象吗？你在这段关系中出现的问题，下段关系中依然会有。

因为导致你们分开的原因是处理问题的方式。这和个体的依恋模式有关。

依恋模式的产生基于亲子关系及其交往经验。换句话说，小的时候我们应对父母的方法，也会被移植到与恋人的相处模式中。

心理学家根据儿童与父母分离和重聚时的不同表现，将婴儿的依恋表现分为三种不同的类型：

1. 安全型依恋（占65~70%），这种婴儿能够在与母亲的亲密与独立中保持平衡。当母亲离开时，他们尽管有压力，但仍然能探索环境，母亲回来后他们能表现出与母亲的亲密，并愿意让母亲来参加他们的活动。

2. 回避型依恋（占20%），在母亲离开后，他们对此忽略不计，母亲回来后也没有表现出热情，没有许多交流，他们喜欢独自一人玩耍，回避与任何人亲近，而不是寻找安全和依恋。

3. 焦虑—矛盾型依恋（占10~15%），他们在意识到母亲离开后，会大声哭叫，他们紧张不安，不能独立探索环境，只有在母亲回来后，他们才能感觉舒服些，但仍然黏着母亲。

由此可见，安全型依恋是积极依恋，回避型和矛盾型均属消极的不安全型依恋。这些依恋模式或多或少影响了婴儿的气质，他们长大后，对待亲密关系时，也会采取相应的方式：安全型依恋的儿童，他们长大后能够快乐地与他人交往，很容易与他人发展出轻松信任的关系。回避型依恋的儿童，长大后常常怀疑和迁怒他人，不容易形成亲密和信任的人际关系。焦虑—矛盾型依恋的儿童，长大后会表现出对他人的过分贪求，人际关系常常变得紧张和过分依赖。

很明显，C小姐的依恋模式倾向于焦虑—矛盾型依恋。

依恋模式的形成通常与婴儿主要养育者的对待方式有关。我们儿时绝大多数的行为，都以归属感和被重视的需求为出发点。因为人的第一本能是自我保存。对于婴儿而言，只有借助人际纽带，他（她）才能活命。安全型依恋的孩子通常能够得到主要养育者的悉心照顾，哭喊时养育者总会如约而至，因而他们会觉得他人是能够被信任的，能够舒心地依赖他人。回避型依恋的孩子，其主要养育者在照顾孩子时通常是带着拒绝或敌对的态度勉强为之的，因而这些孩子难以形成对他人的信任，他们常常会认为他人是靠不住的。对于焦虑—矛盾型依恋的孩子而言，他们的主要养育者的照料方式则是无法预测，且不持续的，时而热情关注，时而却心不在焉，因而这些孩子容易对他人产生焦虑复杂的情感。

这里有必要说明的是，成人的依恋风格或者恋爱关系是不是由其早年的依恋模式决定的，这个命题到今天还是充满了争议。因为依恋关系并不是一次确定就不能改变的，一些个体在经历成年期的一些人际关系之后，会改变他们的依恋模式。心理学相关研究发现，甚至一段好的亲密关系，会给人带来积极的体验，有助于人们逐步形成信任、轻松的亲密关系信念，而由过去不愉快经验产生的认知会被逐步遗忘。

所以，如果你遇见了一个对的人，你是有可能得到改善的。

攻击往往无意识，治愈从自知开始

有的时候，我们对别人莫名的愤怒、敌意，往往是一种无意识的行为。我们不是真的讨厌这个人或这件事，而是某个场景触发了我们过去的不愉快体验，将原有的负面情绪转移到了当下的人或事上面，这在心理学上被叫作移情。

说一个我自己的例子。我刚和男朋友交往时，发现他都不看我的朋友圈。我很失落，恋人不该是会想方设法、通过一切渠道，希望多了解对方一些的吗？他怎么连基本的朋友圈都不看？他一定是不关心我！我如是想。

“你是不是不关心我？连我的朋友圈都不看。”我用委屈的语气质问他。

他说：“我就没有看朋友圈的习惯。”

我说：“你不是很想了解我吗？”

他解释说：“了解一个人是通过平常的相处，不是通过朋友圈吧。而且我觉得我已经足够了解你了。”

虽然解释开了，但每当我发朋友圈的时候，我还是会本能地期待他去看，甚至有些内容只设置对他可见。然而，他还是不会看，而我也还是忍不住失落。

为了避免这种失落，我采取了一种自欺欺人的办法——朋友圈对其不可见，这样我就彻底断了他会看的念头，毕竟他连看都看不到。当然，这并不是最佳的解决办法，我虽然避免了在他不关注我朋友圈的问题上难受，但在其他方面，如果他没有按照我期待的方式来关注我，我还是会陷入失落。

学习心理学后，我才意识到这其实是童年创伤。童年里有一幕，我常常会记得：我特别爱在妈妈面前读课文，可每次读课文时，她都似乎人在心不在，比如有时读到一半，我会和妈妈交流阅读心得，妈妈总是根本不知道我在说什么。

长大了，作为成年人的我，当然可以理解妈妈的行为。对于成年人而言，孩子的世界太简单，他们和孩子是没有共同语言的，感到无聊无趣再正常不过了！殊不知，别看孩子年纪小，成人对他的不用心，他是能深深地感受到的，不过孩子又终归是孩子，他不能理解大人没用心的原因，只会觉得自己被忽视就是不被爱。

更糟糕的是，成人也往往不了解孩子，当孩子因此失落时，他们往往采取“哄一哄就过去了”的态度，而不会认真就其行为的原因对孩子进行解释。然而，孩子在当下看似被“哄”过去了，情绪很快得到了恢复，但实际上，这种被忽视的感觉，已经深深地埋藏在了他的潜意识里。日后这种刺激一旦具备，心里的这个扳机就会瞬间被激活。比如，我期待男朋友关注我的朋友圈，而男朋友却始终没有认真看，这种行为就类似于我期待妈妈关注我读书，而妈妈却没有用心听一样。妈妈和男朋友无疑都是爱我的，但由于童年里种下了这种情景的感觉，只要当情境具备，这种“被忽视”的感觉便会毫无逻辑地再次重现。

有人会问了，为什么我在和其他人的交往模式中不会有这种移情，只有在面对特定的亲密恋人时，才会表现出来呢？这是因为亲密关系能让人回想起最深刻的生活体验。你和伴侣越亲近，就越可能想起小时候的无力感。

当然，追溯童年不是为了谴责我们的父母。

那个时代，他们可能没有机会接触到相关的知识，疏于教养实属非战之罪。

但我们是可以通过学习而学会对自己的人生负责的。E先生深深地爱着F小姐。有一天，两人发生了争执，E先生就立刻去想解决问题的方式，试图让F小姐开心。然而，E先生越是积极解决问题，F小姐的愤怒就愈发不可收拾。

这看起来似乎很不合理。不过，也正是因为它不合逻辑，就必须用非理智的东西，也就是潜意识层面的需求来分析。经过心理咨询，F小姐回忆了自己的童年。在和父母的相处过程当中，每次她去找父亲，父亲的话就是："有什么事吗？"

这句话在成年人眼中似乎很正常。然而，却在F小姐心中埋下了隐患。F小姐的潜意识认为，"爸爸只想解决我的问题，不愿和我亲近，我是一个麻烦的人，我不被爱"。

正是基于此，当E先生试图解决F小姐的问题时，这一情境立刻激发了F小姐内心的不被爱的感觉。当然，这一切F小姐并未意识到。激发的只是感觉，而不是具体的记忆内容。

不过，当F小姐意识到了这是自己潜意识当中的非理性的信念，她只不过是移情了，她和男朋友之间的矛盾也就不存在了——她不会再因为E先生解决问题的举动而不断难过，而E先生也因为意识到F小姐有这方面的创伤体验，尽量避免类似的场景发生。

而我也是在领悟到自己的情绪是由过去的经历导致的后，心理症状逐步得到了化解。

我们都是受伤的孩子

好的亲密关系，会治愈我们的童年创伤，但这是非常理想化的结果。

前面说过，由于我们儿时的需求没有得到满足，我们往往会觉得孤单、不被重视，我们很可能会认为这个世界缺乏关怀、温暖和真情。

于是，随着我们长大，我们会希望伴侣来满足我们的这些未被满足的需求。比如，我们在童年没有感受到父母的关心和重视，我们就愈发地希望伴侣是一个慷慨的恋人，他温暖、体贴、细腻——我们认为这是极为重要的品质。

与此同时，为了吸引伴侣，我们自然会表现出最好的一面，我们会将这些我们认为极为重要的品质在自己身上体现出来——我们在无意识之间，伪装成了“慷慨”的恋人。

这样会产生怎样的结果呢？双方都以为遇见了自己的真命天子或真命天女，殊不知，我们爱上的这个人都是在彼此修饰后的形象。换言之，你正试图吸引的这个恋人很可能和你一样，只是因为在童年缺少关注，而期待找一个能够给予他（她）关注的人，而表现出也很关心别人的样子。

可是，随着关系的推进，双方的伪装都会逐步被卸下。接踵而至的是，双方深深地失望。“等闲变却故人心”，其实不是人心变了，而是人心慢慢展露了出来。

失望的感情，并不会直接导致我们拂袖而去。我们的第一反应是——让你变成我想要的那个样子。于是，人们常常通过各种方式打磨伴侣（由于个体很难察觉真实的原因，所以不容易改造自己）。当对方不为所动时，失落就成了愤怒，愤怒产生了指责。

然而，指责从来不会产生正面的说服作用，只会激发起对方的行为本能进行抵抗，于是便发生喋喋不休地争吵。长此以往，感情在争吵中被透支，最有可能的结局就是两人从亲密恋人变成前任。

不过，如果不能意识到导致亲密关系破裂的原因，并非完全是对方的责任时，在下一段关系中，无非是上一段关系的循环，我们不过是在穿老鞋走新路。

相信爱，才能被爱

有一些恋爱攻略备受读者喜爱，比如，找一个更爱你的人比找一个你更爱的人来得幸福。比如，我们在爱情里要有所保留，要学会保护自己，这样失去的时候才不会太痛苦。比如，不要太早让对方知道你喜欢他（她），越容易得到的，也不容易珍惜……然而，这样的攻略会给我们带来幸福吗？请看J的故事。

J就是一个在爱情里小心谨慎保护自己的姑娘。儿时父母的离异，让J缺乏安全感，她在潜意识里面希望，有个白马王子可以将自己从这个噩梦般的原生家庭带走。但J的第一个男友Q，显然不是她的白马王子。

Q是J大学实习公司的老板，30多岁，稳重而成熟，不过已婚。Q对J说："她常年在国外陪孩子，一年到头都见不到人，早就没有感情了，现在我们在一起，只是为了给孩子一个名义上的家庭罢了。反倒是你，让我动心。"

J本来就对老板欣赏万分，觉得这样的儒雅男子就是自己未来找对象的参照版。没想到这样一个有钱又有能力的人真的会爱自己。在Q的花言巧语下，J对自己说，两个人在一起，感情最重要嘛！况且他老婆也不在中国，也不可能对我们的生活构成威胁，等到我们有了自己的孩子，他爱孩子，自然也会给我一个交代的。

但一年后Q说，老婆回国了，看到手机里有J的照片，也看到了两个人的聊天记录，在家里闹，要不就先避避风头，我介绍你去我朋友公司工作，我们暂时不见面。

J很难过，但还是妥协了，毕竟她知道自己名不正言不顺。

然而，这暂时不见面就变成再也不见了。Q说，孩子在国外出了点儿事，需要去看看孩子，再接着就是从国外打回来的电话说："我们分开吧，她妈把咱们的事跟孩子说了，我如果再联系你，孩子就闹自杀，我真的不敢冒这个险……"

挂完电话后，Q将J从微信和QQ好友名单中删除。J看到自己的文字被提示未被发出的那一瞬间，感觉自己被掏空了，成宿成宿地失眠。精神恍惚中J在网络上找了数个陌生男子发生一夜情，而这些和他发生关系的男人几乎都有家室。

J的这些遭遇，让她的不安全感更强烈了。很长一段时间，J都没有再投入感情，用她的话来说就是"天下男人一般黑，再也不相信爱情了"。

直到三年后，J在一次聚会中遇见了Y。Y对J喜欢得不得了，对J发起了猛烈的追求。但J并不喜欢Y，觉得他缺乏男子气概，难以给自己安全感。不过，想到过去自己在爱情里付出却终遭嫌弃的经历，J想，找一个更爱自己的男人，总是更好。于是，J答应了和Y交往。不过，J又怀疑，担心Y就是要睡自己，过去和她发生一夜情的那些男人在她心里挥之不去。J想：哪怕Y是真的喜欢自己，睡过自己之后也就会抛弃自己。

因此，在和Y的交往中，J变得十分谨慎。J定下了各种规矩：交往没到一个月，不许牵手。交往没到半年，不许接吻。没有100万存款，不能结婚。没有结婚，不能发生性行为。没有换上140平的大房子，不能生小孩……对于J而言，她在乎的并不是这些规矩本身，而是希望增加Y对自己的投入，她以为只有对方为自己付出得越多，对方才会更在意这段关系。

投入越多，感情越深，这当然是有道理的，但得有度。Y是一个凤凰男，老家在农村，自然是拿不出这些钱的。于是，Y在和J交往一年后，多次提出结婚，都遭到了拒绝。此时的J已经坚信Y就是喜欢自己，离不开自己，于是就更加肆无忌惮地列了更多规矩：每个月的工资必须上交、每天行程必须汇报、下班回家时间必须在7点以前，一周不能有两次以上外出应酬……

Y终于受不了了，在苦苦追寻J的过程中，他感到累了，于是向J提出了分手。

J傻了，她接受不了这一切。她心里很痛很痛，觉得自己又被抛弃了……想到自己从小到大都在爱里被嫌弃，J有好几次都想结束自己的生命。

在J的故事里不难看出，由于童年父母离异的影响加上第一段感情的背叛，导致她对爱情、对伴侣产生了强烈的不信任感，这种不信任感使得J在处理和Y之间的关系时，过分小心谨慎，用尽了各种自我保护措施：要对方更爱自己，要对方投入更多，要自己有所保留……然而，这些技巧并没有帮J守护住爱情，反而让她失去了可能的幸福。

爱情就是这样，你越是不信任它，它就越会朝着你以为的方向发展。因为你的态度会影响你的行动，你的行动会影响你们的关系。比如，同样一件事，对爱情信任的爱人会宽容地理解伴侣并解释伴侣的行为，假定伴侣无辜，甚至会把伴侣不端的行为视为善意和关爱。而受过伤害的人往往会以为这个世界非常冷漠、恐怖，进而抱着退缩或怀疑的态度，对待自己周遭的人际关系。

更要命的是，如果不意识到这一点，亲密关系破裂的情况还会出现恶性循环，比如J因为男友Y的离开，对爱情更加不信任，于是下一次碰到同样的爱人，她也不敢全身心地投入，由不信任导致的悲剧也许会再次重演。

总想着保护自己，而不全心投入的人是很难得到爱情的。相信爱的人，才能被爱。台湾歌手刘若英很多人都很熟悉，被誉为才女艺人。早些年，她和陈升的感情也传得沸沸扬扬。但陈升早有家室，刘若英的感情也只能深埋。后来，刘若英接手一部戏《粉红女郎》，在其中饰演结婚狂，虽然刘若英在很多方面并非和角色一样，但她对于爱情的向往却和剧中的结婚狂有着相似的一面，她说："世界上只存在真诚或者是不真诚的恋情，而不存在成功或者失败的恋情。或者就是因为这样吧，我不害怕失恋，更不害怕恋爱。平时和好朋友在一起，我也会嘱咐他们：'帮我留心啊，有好男人介绍给我啊。'"

或许正是这样不害怕失恋，也不害怕恋爱，才让她最终遇到了真命天子——钟石。2006年，拍摄电影《心中有鬼》时，刘若英和导演滕华涛成了好友。有一次，滕华涛问刘若英说："奶茶，我觉得你这人真不错，身边怎么没有个男人呢？"刘若英直接接话道："你说得对呀！如果你遇到合适的人选，想着我点儿啊。"得益于这种开放的心态，2010年的一天，滕华涛将钟石介绍给了刘若英。2011年8月8日，刘若英和钟石在北京领取了结婚证，当日，刘若英给滕华涛打电话，由衷地谢谢他让自己遇见了生命中的另一半。

正如刘若英所说："因为你只有勇敢去爱了，才有可能遇到那个真命天子。如果连爱都不敢爱，怎么会遇到呢？我总以最开放的心态等待爱情的到来，不拒绝任何形式的相遇。"

相信爱，才能被爱。

人际吸引有规律，让人爱你并不难

并没有什么MR.RIGHT

有一个女生特别宅，平时很少参加社交活动。有一次，机缘巧合被朋友拉去参加了一个社群的线下读书会。在这个读书会中，女生遇见了她现在的丈夫。后来，这个女生就常常感慨地说，她和丈夫的缘分，真是命中注定。不然，不爱出门的自己怎么一出门就遇见了丈夫呢?

然而，事实真的是这样吗?如果女生没有遇见她现在的丈夫，她就不会堕入情网了吗?

我们常常浪漫地以为自己的恋人就是命中注定的那个人，我们的出生就是为了遇见这个人，如果没有遇见这个人，我们就会一辈子孤单。

但事实并非如此。实际上，我们每一个人在心中都有对完美恋人的期待，他多高、多重、长相如何、性格如何、学历怎样……只要我们遇见的人刚好满足这些期待，或者大部分满足，我们就会对他产生好感，也就是人们常常说的一见钟情。

因此，如果这个女生没有参加那次线下活动，也没有遇上她现在的丈夫，她依然会被另一个男士深深吸引，然后步入婚姻，只要这个男人具备了她心中完美恋人的绝大多数特质。

那么，我们常常会为哪些元素吸引呢？

性选择

心理学家D·M·巴斯对37个文化群体的研究发现，在异性关系中男性喜欢年轻的女性，而女性却喜欢老一点儿的男人（西班牙除外）。男性喜欢年轻女性是因为她们漂亮，而女性喜欢老一点儿的男性是因为他们成熟且有地位。

进化心理学家对上述现象解释为：对于女性而言，原始本能就是找到有实力的男性养活自己与子女，而对于男性而言，女性能否生养后代至关重要——性感漂亮的女性意味着身体好，比较好生养。

因此，有一些婚恋专家会进行这样的指导：如果要一个男性成功吸引女性的注意力，这个男性最好穿着有品位，能显示出自己的地位。而对于女性而言，名牌包包和浓妆艳抹都比不上她们姣好的面容以及性感的身材。另外，在面容及身材上，有研究表明，面容的吸引力不如身材，因此拥有性感的身材对于女性的吸引力而言更为重要。

相似性

同时，相似性也是人际吸引的重要法则。为什么相似性这么重要？心理学家用社会比较的自我确认理论加以解释。心理学家认为，当情境不明确的时候，人们往往通过与他人比较来确认自己。选择那些在某些方面与我们相似的人往往能够使我们的自我概念得以确认，使我们增加自我的信心，这也正是我们为什么到一个陌生的地方，总习惯“找老乡”的原因——老乡能够缓解我们在陌生环境中的焦虑。据此，复制对方的语言和行为，比如在聊天时，他拿起杯子喝水，你也拿出杯子喝水，同样的动作，就会在无形之中拉近两人的距离。

相似性法则绝对会颠覆很多人的刻板印象。请回答这样一个问题：一个大男子主义的丈夫和一个小鸟依人的妻子更易相处，还是一个大男子主义的丈夫和一个很有主见的妻子更容易相处？

虽然很多人都以为是前者，但答案却是后者。心理学家发现，那些在处事风格和才干能力上更相似的夫妻婚姻更易幸福，即使支配欲很强的人也会更喜欢有主见的伴侣，而非长期屈从顺服的伴侣。换言之，即使很多心理学家强调，支配欲的互补可以增加亲密关系，但这种互补性依然不值得过分强调。

可得性

长相特性和相似性为什么能够增加一个人对我们的吸引力呢？这基于吸引力产生的最基本假设：他人的出现对我们具有奖赏意义——直接奖赏或间接奖赏。具体而言，长相美丽的人给予我们的视觉上的直接奖赏，而相似性给予我们的是间接奖赏，即让我们的自我得到确认，进而感到心安。

不过，虽然上述因素都会具有足够的吸引力，但人是理智的，我们还会考虑奖赏的可得性。这也正是为什么很多明星魅力十足，但我们不会真的想和他们谈恋爱的原因——他们不可得。

基于此，我们会更容易喜欢那些喜欢我们的人以及在我们身边的人。因为在其他条件相同的情况下，这类人对我们更具有奖赏可得性。

换句话说，增加接触频率有利于增加对方喜欢自己的概率，而这一现象也被称之为“曝光效应”。有人会说，增加接触频率会不会导致对方的厌倦呢？为什么有些人我们越接触越讨厌呢？

准确来说，增加接触频率是指能够增加我们对这个人的感情，即如果我们与喜欢的人接触频繁，我们会更加喜欢他（她），而如果我们与厌恶的人接触频繁，我们会更加讨厌他（她）。

此外，网络征婚虽然可能提供更多的选择，但因为距离上的不易得，往往不如线下的一次聚会。所以，爱一个人，就多在他（她）身边，陪伴他（她）吧！

打败爱情的不是时间，而是你并不真的了解枕边人

时间是把杀猪刀，婚姻是爱情的坟墓……诸如此类的言论充斥着我们的世界。

虽然不能完全认同，但其在一定程度上，描述了很多人的婚恋状态，从迷恋，到依赖，再到厌恶或是漠不关心……

为什么会这样？是俗话说的七年之痒，人心必然喜新厌旧吗？那为什么你小时候喜欢吃的那道菜，现在依然是你餐桌上的最爱呢？

婚前

两个人是否会分手，常常在最初就埋下了伏笔。

有这样一个案例。一个外形清秀、性格温婉、国际政治专业的女博士，经朋友介绍，认识了一个同校行政管理专业的男博士。这个男博士酷爱摄影，女博士长得又漂亮，两人就约上一起拍照，这一来二往的约拍，两人也就有了感情。加上两人在学历、家世方面都旗鼓相当、郎才女貌，于是一拍即合，两人都觉得遇见了真爱，不久就结婚了。

我们知道，相似性是促进并维持一段良好亲密关系的重要条件，按照上

面这些信息描述，这二人算得上是具备高度的相似性了，应该很合得来才是。

但令人大跌眼镜的是，就是这样一对让众人羡慕的佳偶，却在结婚后一年选择了离婚。更令人唏嘘的是，离婚原因竟然是为了一则美国该不该打伊拉克的新闻——由于两人在这个立场上观点不一致，女方竟然一怒之下，把电视机给砸了！

很多人都不理解，你说，美国打伊拉克和你们家又搭不上半毛钱关系，有必要为此闹到要离婚的地步吗？这也太离谱了吧！

但放在心理学上，其实就很好解释了。对于女博士而言，美国打伊拉克是个政治问题，而她又是研究政治问题多年的学者，固然将这个问题看得很重要，如果和她意见不一致，她便会深深地感到不被理解。实质上就是价值观不一致导致的情感破裂。

这个故事告诉我们，其实我们可能真的并不了解我们的伴侣。心理学研究表明，我们通常会认为伴侣和我们很像，但实际上并非如此。我们相信伴侣经常会同意我们的意见，但实际上并没有那么频繁。我们还经常过高地估计伴侣的人格特质与自己的相似度。从某种程度上说，我们对伴侣的认识是一种虚构的形象。因此，如果你想和对方发展长期的亲密关系，一定要记住旁敲侧击对方的价值观，价值观的相似是相似性中最重要的一点。

那么，除了事业、爱好方面的价值观倾向，还有哪些重要的价值观会影响到我们的生活呢？很重要但很容易被人刻意忽略的一条便是：性偏好。有这样一个案例，一个女性结婚后得知丈夫出去找了三陪，怒不可遏，这个丈夫的解释是为了应酬，自己只是逢场作戏。但这个女性却觉得十分不可思议，因为丈夫在她心中的印象是木讷和保守的，这样的男人怎么会找小姐呢？这其实就是两个人还不够互相了解的典型。

在婚前，关于性方面的态度，很多人都很怯于谈及，但这很可能就为日后婚姻破裂埋下了伏笔。因此建议，在婚前一定要将对方在这方面的态度打探清楚。当然，为了避免尴尬，我们可以采取旁敲侧击的方式，比如借助一个新闻事件（比如明星出轨的新闻），问问他（她）的看法。

此外，涉及人际关系，尤其是异性关系的相关问题也值得好好探讨。生活中，我们往往以为自己能够接纳伴侣与异性之间存在友谊，但实际上，多半亲密关系中出现的问题都源于此。因此，问问对方最好的异性朋友是谁、都怎么相处、和异性相处的界限和原则是哪些，做到心中有数，非常重要。

当出现关系破裂时，该如何修复也是不得不谈的问题。因为在我们相处的过程中，免不了会有冲突，而在冲突发生时，双方可能都会有意无意地拒绝袒露心声，而希望对方按照自己期待的方式来迎合自己。可是，对方不是神，他（她）不一定能够明白你想要的，所以在感情好的时候，就未雨绸缪考虑这些问题，对于关系的持续非常有益。

婚后

除了婚前准备不够，更多时候，婚姻走向终结的原因是我们逐步懈怠了对伴侣的了解。

前面我们已经说过，熟悉会增加彼此之间的好感。同理，陌生会让两个人逐渐远离。40岁的G先生是一名房地产公司的中高层人员。地产公司根据楼市景气程度会有大小年之说，每到大年G先生就忙得不可开交，长期在外地驻守。

正值事业的上升期，G先生醉心于工作，甚至连36岁的W女士生二胎也没能陪在身边。W女士可是高龄产妇啊！直到孩子满月，G先生终于忙过一阵，抽空回到家。

W女士身边的朋友半真半假地打趣指责G先生："老婆临产，怎么也该回家的啊！"

G先生作揖求饶道："你不知道啊，地产公司真的是忙。我也不想干活啊，可是咱要养家是吧。"说罢，便走去孩子身边哄孩子。

朋友也作罢，没再接话。其实大家心知肚明，G先生忙是真的，但忙到无法抽身陪老婆生孩子却是借口。

半夜孩子哭闹，G先生起床去拿奶瓶，在厨房间找了半天没找着，结果拿了大儿子三年前用的那个许久没清理的奶瓶温了奶给孩子。W女士看到了，大声嚷嚷道："这个奶瓶放很久了啊！不干净啊！你怎么乱用！"

半睡半醒的G先生也大叫道："我怎么知道你把奶瓶放在哪儿！我找了很久！"

"不就在这儿吗？"W女士拖着疲惫的身子走到一个碗橱柜旁，"我们现在都用这个碗橱柜！"

天啊，连家里的碗橱柜都分不清的男人还真是少。G先生如此醉心于工作，根本无心无力关注家庭的变化。当然，也包括妻子的想法和追求，他甚至不知道这些年，妻子已经拿了双硕士学位，正准备攻读博士。

两年后，W女士以感情不和为由提出离婚。

离婚时，G先生一直想不明白为什么，他觉得W女士一定是出轨了。而在W女士心里，G先生一直对家对自己不闻不问，让她渐渐失去了对G先生的喜爱，她对朋友说，"还是刚在一起的时候好啊！那时，我们相互了解，彼此支持双方的梦想，而现在呢，他都不知道我在干什么。"

的确，我们绝大多数人在恋爱的时候，往往都和恋人有着共同的生活圈或工作圈，也因此比较有共同语言，但是结婚后，两个人可能在事业发展或精力投入方面有了不一样的选择，结果距离越来越远。很多结婚多年的夫妻，甚至都不清楚伴侣目前的状态。

而心理学一项研究表示，80%的离异男女认为，他们婚姻破裂的原因是彼此逐渐疏远，丧失了亲密感，或是他们感受不到爱与欣赏，而我们通常认为的婚外情，其实只负有20%~27%的责任。

因此，不要因为生活稳定而放松懈怠。对家庭、对伴侣保持了解和兴趣，是维持一段婚姻继续下去的重要原则。

坏比好更有力量

毁灭一段关系，最具杀伤力的就是指责和争吵。心理学家指出，我们与伴侣偶尔刻薄或挑剔的交往，比我们为他（她）做的千桩好事更有力量。

与此同时，争吵也并不会为我们带来快乐。伤害对方，我们自己也会感到痛苦。

最后，我们的期望继续落空，我们甚至会觉得“找错了人”。带着伤心和绝望，彼此中终有一人，会选择离开这段关系。

我们为什么会批评指责对方？

因为我们总是认为“都是对方不对”，只要搞定了对方，一切就能迎刃而解。然而，如果你要坚持做对的一方，争吵就永远也没办法结束。因为在亲密关系中，冲突没有绝对的真实，只有主观的真实，双方总能找到对方的“不对”。而当双方都觉得自己有道理的时候，沟通是没法儿解决问题的。越沟通，只能越让彼此坚定对方有多无耻。

比如，你说：“都是你不对，你不体谅人，你邋遢不整洁……”对方说：“你闹够了没有，每次这样吵有意思吗？”你说：“你要愿意改，我会吵吗？谁愿意吵架！”对方说：“每次都是你起的头！”无论是起头的人指责对方的过失，还是被动加入争执的人指责对方发起战争，其实都是在表达一个意思：我没错，都是你的错。

争做对的一方，这种行为的背后，隐藏着我们多年来的思维模式，“亲密关系中，双方都有责任”或者“双方各付一半责任”。因此，哪怕真的知道自己有错，我们也不愿完全承认，而是一定要指出，对方也有责任，也得负责。然而，如果你抱着只负50%责任的心态去处理问题时，哪怕付出了100%的努力，收获的也只是50%的效果——因为有指责，就一定有伤害。

其实，结束争执最快捷的方式就是道歉。如果能承认犯下的错误，就能省下一大半力气，有时候甚至可以让冲突马上结束。然而，吊诡的是，我们常常愿意在一些不足轻重的事情上道歉，而越是重要的关头，我们越不愿道歉，我们哪怕自知理亏，也会为了可怜的自尊顽强抵抗到底。

是你的“对”重要，还是我们的快乐重要呢？如果你的目的是为了彼此快乐，那么请学会道歉与妥协。

为什么沟通达人也无法解决亲密关系中的争吵

H先生是一名深受学生喜爱的辅导员。他善于与各种各样的学生沟通，在学生心目中，他就是大家的知心大哥哥。

W女士是一名外企营销人员，在公司是出了名的好口才，很多人家拿不下的大客户，她一上场就能搞定。

按理说，H先生和W女士应该都属于善于与人打交道的个性。然而，尽管在事业上如鱼得水，两人在生活中却难以和爱人好好说话。

火一点就着，一着火就冷战。婚姻快走到尽头了。

两个人找过很多咨询师，咨询师的建议是，让夫妻双方积极倾听对方的话。两人按照咨询师的嘱咐做了，然而，并没有任何效果。

H说，自己也知道如何积极倾听，事实上大学辅导员要做的就是积极倾听。W也说，自己非常擅于与人沟通，面对再难搞的客户她也能不为其激怒，做到宽宏和大量，也正是因为这一点，她才能拿下这么多大单子。

为什么两个人明明都很擅长沟通，面对亲密的爱人，却不肯分一些谅解呢？H先生和W女士也很苦恼。

其实，这并不难理解。我遇到过这样一个朋友，她去做心理咨询的时候，喜欢上了他的咨询师，因为她觉得咨询师是唯一理解她的人，在咨询师这里，她获得了自尊感。

不过，由于咨询师是不能和客户发展咨询以外的关系的，咨询师婉拒了朋友。两年以后，这个咨询师去一家网校做讲师了，而朋友因为喜欢咨询师的缘故，也打算去考咨询师。于是，两个人再次见面了。

这一次，朋友依然对咨询师表示了爱意，而咨询师也接受了朋友。

但让人没想到的是，理解自己的咨询师变成爱人后，却并没有像最初那般包容朋友，两个人吵得不可开交，最后以离婚告终。

为什么作为咨询师的身份可以理解来访者，而作为丈夫就不能理解妻子了呢？这就和H和W之间的问题一模一样。

作为第三方，我们都能理解对方。但事情在自己身上，就很难理智面对。尤其当冲突方是亲密的人的时候，我们是很难做到积极倾听、理解和共情的。毕竟，关心则乱。

不过，有些人会因为争吵而分开，有些人却不会。不信，你去观察一下那些老年夫妻平常的对话模式，他们的对话中往往也带着争吵，但争吵真的是床头吵床尾和。

为什么？

因为吵归吵，爱还在。双方只是因为爱这个人才和这个人在一起。所以，他们已经不会去计较得失。哪怕在争吵时，他们储存的爱意也会迸发出来对他们的婚姻进行急救。

那么，该如何储存爱意呢？请看下一节。

爱情存储室

许多人总认为，一旦是夫妻，就是自家人，随意些是天经地义的。

于是，爱情就消磨在了我们的随意之间：我们的随意发脾气，随意不打扮，我们已经觉得这个人就是我们的伴侣，所以我们放下负担。

想想我们曾经是如何为了吸引对方，而绞尽脑汁准备礼物、用心打扮，甚至精心设计每一次的约会吧。婚后的你，还会吗？

也许，我们连一句“谢谢”都懒得说了。取而代之的是各种理直气壮的使唤：“喂，饭做好了没？”“喂，衣服洗了没？”“家里没米了，去扛包米上来！”

长此以往，爱意自然消退。那么，我们该如何培养爱意呢？

第一，保持自己的吸引力。很多夫妻刚开始在一起的时候，吸引力是匹配相当的，然而随着关系的递进和时间的推移，很多夫妻无论是在外貌方面，还是在内涵方面，距离都越来越大，条件优越的一方自然会想远离。这点其实无须多言大家心里都明白，只是在日复一日的生活中，慢慢懈怠了。

第二，自尊按摩。这一点很重要。每个人都希望自己变得更好。其实所谓的更好，不过是让自己感觉更好，感觉自己更有价值罢了。而很多结婚后的夫妻，往往就忽略了这一点，能不赞美就不赞美，相反指责时却用尽全力，生怕力道不够，不足以让对方反省。长此以往，对方在你面前必然感到挫败。事实上，很多出轨的人，就是因为在婚姻中，无法获得自己的价值感。如果你能够长期给予对方自尊感，伴侣的出轨率会大大降低。

具体而言，如何让对方感觉良好呢？

首先，不要吝惜你的赞美。很多人其实是擅长鼓励夸奖的，只是不愿意夸奖爱人。因此，意识到爱人也需要夸奖，有赞美爱人的意愿是第一步。

其次，是夸奖的技巧。有些人的赞美非常虚伪，让对方听上去反而会有不适应。如何让赞美变得真实呢？最有效的方法就是，在赞美的同时不忘说原因。比如，对方升职加薪了，你可以对对方说："亲爱的，我真替你感到开心，你为此付出的努力，我都看在眼里。我一直都觉得你是一个特别有上进心的人，这也是我爱你的原因。"

第三，是安慰的技巧。自尊按摩不仅仅是在对方感觉良好的时候锦上添花，更多的时候是在对方受挫的时候，给予雪中送炭的安慰和陪伴。然而，很多人并不会安慰：他们不是说些大话，比如"没什么大不了的"，就是站在他人立场说些看似客观但很伤人的分析，比如"这件事其实是你不对啦"，或是各打五十大板，"他这样做过分了，但你也有错啊！"这些都不是安慰，这些叫火上浇油。

事实上，对方不需要你的这些道理，道理他（她）可能比你知道得更多，受挫的他（她）想要的其实只是一个情感支持。还是以工作场景为例，假设对方因为工作失误被领导开除了，这个时候你可以对对方说，"亲爱的，我知道你为工作付出了多少努力，这样的处罚对你实在是不公平，我能理解你现在的感受"（具体关于安慰技巧的内容，可见第四章）。

我们朝夕相处的点点滴滴其实都是在往我们的爱情中存储爱意，当我们关系出现危机时，这些爱意往往能化解危机。

现在婚恋观会给我们的心理健康造成何种影响

单身成潮

国家民政局数据显示，中国单身男女人数已近2亿。而相亲网站珍爱网发布的《2016年度单身人群调查报告》显示，超六成单身受访者连单三年以上，一线城市更为突出。在越来越多的年轻人，尤其是高知女性看来，婚姻成为一件可以等待和选择的事。

DD是我采访过的一个单身女性，广州白领，月薪一万五，她说即便身边长辈都催自己早点儿找个对象，但她依然不愿将就。让DD笃定这个选择的是闺密活生生的教训。闺密原本也和她一样，是一个都市女白领，高学历，高收入，经济独立，思想开放，但结婚后不仅没了社交圈子，也不再会费心打扮自己，因为丈夫就是个大孩子，在家只会打游戏，带孩子的责任落在了她一人身上。

DD说，闺密对丈夫很失望，对自己的婚姻生活也感到疲惫，但她却不敢离婚。即便丈夫已经多次提过分手，但闺密因为害怕一个人过，还是费尽周折将他挽回，她的理由是，“自己选的路，哭着也要走完，否则，看笑话的人太多”。

“为什么明明没了感情的两个人还要死死绑在一起？”DD不理解，“离婚可怕吗？单身就是洪水猛兽？只有告别错的婚姻才有可能遇见对的人，迎来真正的幸福。选择讲究还是将就，你的人生会有不一样的答案。”

为什么现在的年轻人更愿意主动选择单身？

“现代市场经济和国家福利的结合给了人们如何生活、如何安定下来的新选项。”这是《单身社会》的作者——纽约大学社会学教授埃里克·克里南伯格给出的答案。

的确，在父权制度下，人类出现私有财产后，为了确保财产能由自己的后代继承，而不是被“隔壁老王”的后代继承，于是不得不让自己的配偶相对固化，也就形成了婚姻。不过，随着现代社会的进步和发展，男女的独立，尤其是经济的独立，传统意义上的“婚姻”这种经济结合体的形式已然不再必需。

不想将就，成了如今单身人群的一句至理名言。

但我想告诉你的是，如果你单身很久，又长期感到压抑郁闷，那么你就得考虑一下你的抑郁是不是由你单身的状态导致的。心理学研究表明，那些结婚并持续婚姻状态的人比缺乏亲密关系的人更加幸福；即使伴侣关系并不幸福，大多数有伴侣的人仍觉得自己比完全的孤家寡人要充实得多。换言之，在某种程度上，我们的幸福感取决于归属需要多大程度上的满足——而无论你经济多么富足，可能也无法替代这一需求的满足。

闪婚闪离

婚恋观改变的另一个直接表现就是现代人频繁地闪婚闪离。

大量数据显示，我国“80后”“90后”草率结婚又轻率离婚的人数持续走高。全国妇联早前公布的《中国和谐家庭建设状况问卷调查报告》统计数据显示，“80后”离婚率高达20%～30%，数倍于“50后”“60后”。而民政部相关数据则显示，2015年共384.1万对夫妻离婚，我国离婚率已连续13年呈递增状态。在百度上，以“闪婚闪离”为关键词搜索，相关结果更是高达1，650，000个，“‘90后’式离婚”也变成一个时代现象被收入“百度词条”，诸如《“90后”男女5天闪婚闪离》等新闻更是见怪不怪。

而在大多数明星的婚恋模式中，我们看到的也往往都是：爱则爱得惊天动地，分则分得毫不留情——而这种模式，常常还被包装成是敢爱敢恨的真性情，代表着自由和独立。不过，这种非白即黑的“闪婚闪离”式婚恋观，真的应该被提倡与传播吗？

爱情和婚姻从来不是一回事啊！爱情是荷尔蒙的产物，而婚姻是成熟智慧的结晶——选择伴侣、经营生活、危机处理、情感挽回等每一个环节无不需要认真准备和考量。心理学研究证明，爱情的保鲜期不过三年，那些对结婚考虑清楚和成熟的夫妇，比有着强烈结婚意愿的夫妇更能够维系幸福而持久的婚姻。而“闪婚闪离”实则是对婚姻的一种草率态度——没有在婚前考量周全，当婚姻出现问题的时候，以简单粗暴的方式一刀两断，不做经营与挽留。在这样的婚恋态度下，婚姻走向不幸也是偶然中的必然。

诚然，离婚率高不一定是坏事。从某种程度来说，离婚是年轻一代强调个性自由、强调思想解放、强调自身幸福感，不会再凑合着过日子的一种体现。但不可否认的是，“80后”“90后”离婚问题凸显，也折射出一部分年轻人婚姻契约精神的淡化和婚姻家庭道德责任的弱化。不得不说，在这个大肆鼓吹“自由”“个性”“独立”的时代下，走偏的自我已然逐步成为缺乏责任感的自私，最终导致了不少年轻人“心血来潮就结婚”“一言不合就离婚”的价值观。

出轨成瘾

缺乏责任感直接导致的结果就是出轨现象的增多。

以往讨论出轨，似乎都是男人的问题。而如今出轨的女性也越来越多。

来自中国人民大学性社会学研究所所长潘绥铭的研究发现，2000年，男性出轨的发生率为13.2%，女性为4.5%；到了2010年，这一数据增长到28.9%和9.7%。而北京大学社会调查研究中心联合百合网婚恋研究院发布的《2015中国人婚恋状况调查报告》则显示，有一半以上的夫妻都存在着第三者插足的情况，男方出轨率与女方相当。

我们不得不承认，出轨是人的天性所致。生物的本性是倾向于多配偶制的，而人类之所以会远离原始社会的“肉体随意交合”，一步步演绎到如今的“一夫一妻制”，就是因为“随意交合”不但会危害当事者的身心健康，而且会对家庭和社会造成很大的负面影响，且不利于人类的延续。

此外，情感得不到满足也是导致出轨的重要原因。多位女性受访者对笔者表示，亲密关系中的关心缺失是其出轨的主要原因，而男性受访者则表示出轨多偏向于寻求（性）刺激。

不过，逐年增加的出轨率也不得不让我们重新审视出轨这个现象。除了天性以及亲密关系中的内部矛盾，还有哪些因素导致了如今的高出轨率呢?

事实上，早先别说出轨了，连离婚都是非常可耻的。后来人们个人化的情感需求才逐渐被唤起，甚至有人认为人的情感需求本来就是变化的，而固定化的一夫一妻制是社会化的产物。对婚姻关系的反思，让我们对待出轨的态度更加包容，由此导致的便是“天性的释放”——我们更少压抑自己的冲动，也对婚姻抱有更少的责任感。

另外，社交媒体、即时通信工具的出现也被认为是导致出轨率逐年递增的原因。美国婚姻律师协会的统计显示，有81%的协会律师报告说，在自己经手的离婚案件中采用了大量来自Facebook等社交网络的素材以证明出轨事实——社交网络已经成为人们出轨的重要渠道。

心理学家分析，这是由于社交网络使得私人空间的构建更为便捷——只要有手机，即便是和伴侣睡在一起时，也可以隔离出自己独立的世界，与远隔重洋的人进行暧昧互动。与此同时，基于社交网络的沟通方式，也使人们放松了对出轨的警惕，有时候人们甚至都意识不到自己正在出轨。最初可能只是平常的聊天，但聊着聊着，就发现和这个网友好像更有共同语言，进而发展出更多的关系，这种情况在亲密关系遇到瓶颈时，尤为容易发生。

值得注意的是，相关研究表明，父母的情感模式常常会在子女身上重演，那些父母曾经有过外遇经历或离异家庭的孩子，长大后会加倍地不信任婚姻，出轨率、离婚率往往更高。宿命论者称其为“逃不脱的轮回”，而实际上，在心理专家看来这是一种儿女对父母的心理模仿，虽然心心念念告诉自己“不要走向那条路”，但在不自觉的潜意识里，却一步步模仿着走向更远。

那么问题来了，在出轨率、离婚率高得离谱的今天，我们的后代将来长大成人进入婚姻后，又会呈现出怎样的婚姻状态？

“婚姻不易，且行且珍惜。”或许值得我们借鉴。

如果不得不离婚

如果要离婚，请一定处理好和孩子之间的关系。

前面说过，我的父母在我六七岁的时候就离异了。

然而，其对我造成的影响，至今依然存在——我害怕见我的亲生父亲。每次他要求见我的时候，我都倍感压力，莫名的压力。学习心理学之后，我知道这种压力并不是由当下的情境产生的，而是印刻在了我的童年经历当中。

爸爸妈妈离婚后，爸爸很快再婚了，妈妈以为，爸爸就是为了再婚才离婚的。刚离婚的时候，妈妈愤怒、委屈、怨恨。妈妈告诉我："你要和你爸说，妈妈会和我相依为命，不会再嫁。"

但是在几年后，妈妈也再婚了。不过，妈妈并不让我告诉爸爸她再婚的消息。

我不知道妈妈出于什么目的要我如此说谎，但我照做了，因为我从小接受的教育就是要听话。不过，欺骗对于我来说同样痛苦，因为大人不仅教我要孝顺，还教我要诚实。

听话的我，必须说谎。诚实的我，不能说谎。我分裂极了，痛苦极了。

相比精神折磨，更折磨我的是来回的折腾。

由于害怕爸爸影响我们的新生活，妈妈并不让我告诉爸爸我们的新住址。于是，爸爸要来看我，便需要经过外婆家这个中转站。具体而言，我和爸爸见面，必须先从家里到外婆家，然后再让亲爸爸从外婆家把我接走。回来同样如此。

时间长了，见爸爸成了一种“折腾”。

随着课业负担的加重，由于家里住得远，到了初三，妈妈帮我在学校附近租了一套房子，我便在这边住下了。这一次，也许是租房的缘故，妈妈并没有让我继续瞒着爸爸。不过，因为功课任务重，我并不愿意常常见爸爸，因为每次见爸爸都得耽误很长的时间——我们必须在外面见面，这样一来会影响做作业的时间。

但爸爸还是想见我。即使我说了，这样可能会让我无法完成作业，影响第二天上课。于是，他会说，就在楼下见一会儿，这样不耽误时间的。

的确没有耽误时间，但我的情绪却受到了影响。我感到不被尊重——我的意志不重要，无论我答应不答应，爸爸要见我，就是要见。

读大学后，我便离开了家乡。偶尔回去后，爸爸依然会约我见面。依然是无论我答应不答应，他都会来见我。区别只在于是在楼下见我，还是去远一些的地方聊。

时间长了，见爸爸成了一种“任务”。

我并不是真的不愿见爸爸。感情上，我离妈妈更近；但价值观上，我更像爸爸。在工作方面，爸爸是那种自律自洁的人，他不会趋炎附势，更不懂人情世故，也因此，即使爸爸在年轻的时候就拿了几个吉尼斯纪录，但他错过了事业的上升机会。不过，即使如此，他依然勤勤恳恳工作，守得住清贫，也乐在其中。

可是每一次爸爸要求见我，我都会感到压力很大。有时我回了老家，甚至都不想告诉他，因为我知道他会要见我，而想到要见面，我就会自然地感到压力——即使这种压力并不理智，毕竟我不用熬夜写作业了，和爸爸聊天也不是一件糟糕的事情。

所以，现在的我，其实最怕过节，因为每逢节假日，父亲问我："回来吗？"他一问我，我便特别难受，因为我一方面不想撒谎，另一方面又不想让爸爸失望——女儿不见父亲，太不孝顺了！可是，只要想到见爸爸，我就会不自觉地紧张，那种负面情绪，就像儿时害怕见爸爸时的心情。

有的时候我情绪不好，会埋怨妈妈："我变成这个样子，都是你们离婚造成的。"

妈妈会说："不离婚会更糟糕。你忘记小时候，家里天天吵架打架吗？"

坦白说，六七岁以前的事我记不太多，但家里发生争执的片段，我倒是记得的，不过这些片段并没有让我感到痛苦。反倒是他们离婚后，我生活的种种，回忆起来常常让我感到压力。

按照妈妈的说法，她之所以要我隐瞒爸爸她再婚的事情，是害怕爸爸来打扰我们的生活。很长一段时间我接受了这种说法，我觉得有道理，直到我因为躁郁症住进了精神病医院。

我住院后，妈妈彻底崩溃了。她很无助，她很害怕，她很担心我。在那一段时间，除了我以外的人或事，她都不再关心了，当然包括隐瞒再婚。

因为一些原因，她不得不和爸爸见面，而那个时候，情绪失控的她当然需要我的继父陪在身边照料。就这样，爸爸和继父见面了。

然而，几年过去了，妈妈所担心的"再婚后的不良影响"并没有出现。爸爸并没有影响她的生活，与此同时妈妈也放下了年轻时对爸爸的怨和恨，现在还成了朋友——其实，有些事情真的没有我们想象的那么糟糕。

写下我的故事，只是想要表示，离婚需谨慎，若是不得不离婚，那么也请尽可能地减少对孩子的负面效果。不要为了一些因素，而让孩子处于一个非常分裂的状态中，同时，懂得尊重孩子，不要认为孩子的需求不是需求，误以为成人为孩子做出的自以为对的选择，就真的是对他们好。实在拿捏不定的时候，可以去请教专业人士，有的时候该花的钱、该做的事，不能省。

至于我，我希望我能够逃开那个“逃不脱的轮回”。

第五章

化解冲突，没那么难

同一件事，不同的人会有不同的版本。而人一旦有了立场，就只会为自己的立场服务。试图让对方认识到自己错了，以期他能改变，只能无功而返。

无意义的争吵

家里买房，陪妈妈去办理过户。

窗口人太多，从早上九点排队到中午十一点半，好不容易轮到自己了，结果窗口工作人员竖起了牌子：不好意思，我们下班了，请您下午一点半再来。

妈妈立刻暴跳如雷：我已经等了一个上午了！有你们这么做事的吗？不把别人的时间当时间吗？

工作人员不耐烦地说：不好意思，人很多，我们也没办法。

妈妈更气了：人多，你们不知道多开几个窗口吗？这是你们的服务态度吗？

两个人吵了起来。最后，工作人员没好气地走掉了，而妈妈也无奈下午继续办理过户。

一番争吵，面红耳赤，但一切都没有改变。

这让我想到了陪朋友去银行办理存款的事情。

因为涉及资金比较大，必须在窗口办理。

我们出发的时候已经下午四点半了，按照规矩，银行五点关门。我们离目的银行还有半个小时。

为了赶到银行下班前到达银行，一路上，我们连走带跑。

终于，我们到了，不过时间有点尴尬，五点差五分。

保安已经准备把防盗门关上了。

朋友气喘吁吁地对保安说：让我们进去办理一下业务吧，我们特地赶过来的。

保安说：不行，已经下班了，你明天再来吧。

朋友有点儿恼怒，指了指里面：那里面不是还有人吗？大厅还有正在办理业务的顾客。

保安说：那是人家之前就来了，还没办完的。

朋友又是恼又是怒：我们到的时候，还没到你们下班的时间呢！你们这是提早下班！根本不负责任！

保安给朋友看了看手机：现在已经五点过两分了。

朋友气更是不打一处来：我到的时候是差五分，跟你在这儿耗着才过了时间的！这是你的责任！

两个人开始就朋友有没有在下班之前赶到办理业务，吵了起来，争执不休。

眼看着朋友就要动手了，我连忙拦住，对保安说：保安大哥，您工作一天也辛苦了。你看，我们也是辛辛苦苦赶过来的，我朋友也挺不容易的。大家都是白领，也是一天都得上班。您看能不能行个方便，就让她进去一下。她真的挺着急的。

保安说：我也没办法，已经下班了，我让你们进去了，破坏了规矩，你让柜台的工作人员怎么想呢？

我说：这样吧，您让她进去，如果工作人员不给她办，我们就出来。

保安看朋友眼睛已经红成一片，也就默默让我们进去了。

后来我就在想，如果妈妈和朋友碰到同样的事情，不是拽着“谁该负责”“是谁的错”的态度，而是和对方沟通，是不是问题都能得到很好的解决呢?

不可否认，当遇到傲慢无礼的柜台人员，面对死活不肯开门的保安，我们心里充满了委屈。然而，当我们沉溺于委屈、愤怒的情绪中无可自拔的时候，委屈就会转变成对他人的指责与谩骂。最后的结果一定是，双方各不退让，于是他不开心，你的事儿也办不成。

其实很多时候，我们的争吵都是无意义的。因为我们的目的并不是和这个人吵架，毕竟没有人喜欢和别人发生争执。更重要的是，争执也无利于事情的解决。

牢记你的目的，放下你的情绪，才是解决问题的钥匙。

搞定对方，你就赢了吗

和男朋友同居后，一般是他做饭，我洗碗。

一天晚上吃过饭，我感到全身乏力，便男朋友商量：“我明早洗碗可以吗？”

男朋友说：“好。”

于是，我便回房间休息了。后来，房间里突然多了一只蜜蜂，我害怕极了。看到房间还有喝果汁的杯子，担心是果汁吸引了蜜蜂，于是把杯子拿到房间外的客厅茶几上放着。

紧接着，“你都拿出来了，就不能放到厨房里去吗？”男朋友暴跳如雷地冲到房间，指着躺在床上的我，怒吼道。

的确是我做错了。但我并不是真的故意不多走那两步，我是真的太疲惫了，所以在本能的驱使下无意识地选择了偷懒。

男朋友的指责，让我感到很委屈，觉得他不体谅我。然而身体已经太疲乏，也懒得和他争论，便由他说去，倒头睡下了。

然而刚睡着，接着就感到有重重的声响。

我又醒了。原来是乒乒乓乓地重力放碗筷的声音。

他去洗碗了。从他洗碗的声音中，我可以明显听出，他非常不满。

洗完碗，回到卧室，他果然说了这件事："我洗了碗，洗了六个杯子。这六个杯子中，我只用了一个。"

他是在计较谁付出得多，谁付出得少吗？顿时，我心里委屈极了：首先，我没让你洗碗；其次，杯子大多数是用来喝水的，根本用不着洗；第三，谁都有坏习惯，但我从来没有抱怨、指责你的坏习惯；第四，我帮你洗衣打扫卫生，从来没有拿出来"邀功"；第五，在我疲惫的时候，照顾一下我又能怎样呢？

一时间，男朋友的不是统统在我眼前浮现：叫了外卖，吃完了不收拾，不洗衣服，不晒衣服，不打扫卫生，说话不算话……很明显：男朋友在用双重标准对待我。

当然，并不是说他刻意用双重标准。只是，每个人都渴望整洁的环境，但每个人都有惰性。不过这一切当事人往往并不自知，因为我们在父母的照顾下，已经习惯了挑剔，而不是感激。父母对我们的爱是付出而不计回报的。他们不会天天在你面前说，今天我洗了碗，今天我做了菜。但我们却理所当然地接受了一切。不仅如此，我们还会百般挑剔，比如你衣服没洗干净，你菜里盐放多了……

事实上，我们绝大多数孩子都习惯了父母的付出，而忽略了自己的付出。我们都觉得自己是圣人，自己特别懂道理，特别了不起，尤其是我们长大之后，在社会上取得了一些成绩之后，我们更会对自己的父母如此指手画脚。比如，跟你说了剩菜倒掉，就是不倒，你不知道省钱其实是更大的浪费吗？诸如此类。

然而，其实父母真的不如我们这般无知。换句话说，我们可能在某些知识层面胜过了父母，但有些方面真的是远远不如他们，比如无条件的付出。

男朋友的指责让我感到十分难受，心里充满了委屈。当时，愤怒的情绪让我控制不住自己，想要反抗，我特别想对他说：你自以为是，你双重标准，你不懂体贴。事实上，在我还有力气时，我的确是这样做的。

不过，幸好我太累了，没力气把这些话说出口。第二天，雨过天晴，他主动和我道歉，说昨天晚上他也很累，工作上琐碎的事情让他感到疲惫，所以才会对我发脾气。

那一刻我突然在想，如果昨天晚上，我把心里的委屈都和他说了，结果会怎样呢？一定是我们双方喋喋不休地“摆证据、诉委屈、讲道理、互指责”，然后两个人都睡不好。我们生活中发生争执时的确就是常常以这样的结局结尾。

人是最善于找理由的，站在各自不同的角度，越是争执就越觉得对方无理，自己委屈。然而，无论是他有理，还是我有理，我们一旦争执起来，对我们的生活有好处吗？

你指责我，我攻击你，最后两败俱伤。

你指责我，我不反击，但我委屈，你的幸福感也没有提升，这个家的总体幸福也是下降的。

感谢这一次“无意识”的控制让我明白了，与人产生冲突靠“搞定”对方，是无法真正获得幸福的。

三观不同，如何说话不伤人

越安慰，越难过

我有定期回顾总结生活的习惯。年中，我总结了一下半年看的书。清点书单时，意外发现收获不少！半年已经读完了60本书！

想起男友常常抱怨没时间看书，我顿时有点儿小嘚瑟，内心的OS是：没时间看书都是借口，你看，我不是就看完了这么多吗？

于是，即便我知道男友是个吝于赞美的人，我依然没有忍住，跑到他面前得意地说："我半年看完了60本书呢！"

他冷笑道："你知道吗？有个英国人据说看了两万本书，但是没有任何产出！"

我又生气了："你一个连书都没看的人，凭什么说我没产出啊！"

想到男友总是打击我，从不赞美我，我心里委屈极了。

刚好妈妈来电话了，情绪上的我顺道诉了苦，结果妈妈却对我说："崽，人没有完美的，不可能你需要什么，他都可以满足你。他就这一点毛病不好，其他都很好，不是吗？"

“我知道他很多优点，可是他总是这样打击我，会让我感到很挫败！”

然而妈妈似乎根本没接我的话，继续说：“你要求他太多了……”

我特别崩溃，真的。我在情绪上受委屈了，妈妈反倒站在第三者的立场上说些不痛不痒的大道理，看似是安慰，其实是指责我的不是，给我上课！

我气不打一处来：“你怎么还向着他！”

妈妈说：“我不是向着他。我只是觉得这个小伙子人很好，希望你们两个能在一起好好过。我这都是为你好。”

妈妈的一句“为我好”，把我要说的话都给怼了回来。我心里更委屈了。

你有没有这样的经历。你本身觉得心情很不好，很受委屈，想找个信任的人倾诉。然而，这个你信任的人，不仅没有缓解你的烦躁、愤怒、焦虑、不安，反而是以一个看似客观中立的姿态把你“教育”了一遍，让你感到深深的不被理解。

然后，我又在微信上找到了好友娟娟，把事情原委又和她说了一遍。我想大家都是同龄人，又都是女生，平时关系也特铁，我们彼此也都知道对方是什么样的人，应该是能理解我的吧。

然而，好友的话是：“姑娘，两个人在一起难免会有摩擦的，你因为这点儿小事儿生气不值得啊。”

我说：“他不是一次这样，而是总这样，长期负面关注，让我有点儿喘不过气。”

好友说：“姑娘，现在的男生各种各样问题的都有，你不能太挑剔了，也不要太矫情。”

我只好说了一句，嗯。然后，对着手机独自发呆。

说好的共同分担呢！说好的好朋友呢！说好的彼此理解呢！本来是想找好友请求心理支持，然而好友一说话，却让自己本来烦躁不安的心情，又添堵了不少。

让对话无疾而终的撒手锏

那么，究竟是什么让本该亲密无间的谈话最后变得无疾而终呢？

在心理学上，这被称作“缺乏共情”。具体而言，就是倾听者没有对倾诉人感同身受。倾听者站在自己的立场上看待事情，而没有站在倾诉人的立场上看待事情。因此，缺乏共情的人很容易轻视倾诉者的问题，就如同好友口中的“为这点儿小事生气不值得啊！”。这看似是在安慰我，其实是在否认我的情绪，而这对于正在情绪上的我来说，只能让我深深地感到不被理解。

另外，缺乏共情还容易做出“各打五十大板”式的评价，比如“他有不对，你也有不对！”。抱歉，这种“辩证”不叫客观，叫无情！你要各打五十大板，说一些第三者立场的话，你可以写文章发博客，但面对一个活生生的当事人，这样的言论显然是冷冰、毫无温度可言的。

缺乏共情最糟糕的结果是指责和教育。比如，妈妈说的“其实你要求他太多了！你自己没意识到”；比如，好友说的“你不能太挑剔了，也不要太矫情”。然而，这样的教育不仅无法说服对方，更容易遭到对方情绪的反弹，因为没有人喜欢听批评和指责，尤其是在愤怒、委屈的时候！

有人会说，有时朋友就在岔路上啊，我真的不忍心让他误入歧途啊！

我不否认有这种情况在，但是就算你要讲道理，也得等到对方情绪平复后，才可以开始“讲道理”。实验发现，人们在听与自己立场相同的论述时，会很认真也很有耐心，但听与自己立场不同的论述时，就很容易走神或不耐烦。所以，即使你要说服他，也尽量先表达和对方一致的地方，创造良好的沟通氛围，让对方放下防御心理，情绪水平逐步恢复。要知道，只有当一个人的情绪逐渐好转的时候，他才有可能去达成解决这个问题的共识。否则，对方的负面情绪足以对你的“道理”统统过滤，更有甚者，不理智地将你敌对起来，认为你在排斥他。这才真的是将朋友推向绝境！很多自杀的人，不都是一时想不通，又找不到人理解，孤立无助下才丧失求生欲的吗？

事实上，在绝大多数的生活场景中，你要说的这些大道理，情绪激动的当事人不是不懂，换他说别人，他也能说一车。很多时候，我们只是过不了情绪这一关。

挺他，让他感到不被孤立，有社会支持，这才是最重要的。

三观不同，如何让沟通变得温暖

有人会问，如果我的态度就是和当事人不一致，总不能单纯为了迎合，而违心说假话吧？这不是不诚实了吗？

的确，真诚是非常重要的人格品质，但真诚并不代表实话实说。共情也并不是表达认同，共情的精髓在于“理解”。以表达共情的常用句式为例，当对方跑来和我们倾诉、宣泄烦恼时，我们可以采用这样的句式：

我知道你经历……（内容反应），你为此感到十分……（情感反应）。

这种共情表达的是你对朋友情绪的理解，但理解并不代表认同。“理解”只说明倾听者对倾诉人的行为或情绪发生的规律性或必然性有了肯定的看法，而对其观点态度及行为模式仍是一种保留态度。所以，这种表态既不破坏谈话气氛，也不会让你说违心的假话。然而，这对于倾诉者而言，却有着莫大的情绪按摩作用。因为你让他知道，你在认真听他倾诉，你关心他的情绪，你也在意他的情绪。要知道，有些人可能一辈子都没有得到过别人的全身心倾听。

另外，你也可以选择积极关注。换句话说，就算倾诉人有各种各样不合理的情绪和认知，但作为他的好朋友，此刻的你在看到这些消极、灰暗、负性的一面时，更能看到其积极、阳光、正性的一面。以我的事情为例，后来，我又在微信上找了一个很信任的长辈，把事情原委和这个长辈说了一遍。很快，长辈微信发了一段话给我：你四个月读了50多本书，我真是太吃惊了！记得郑也夫先生曾说他在深圳大学讲课期间一个月过手了30多本书，让我羡慕不已！看来你跟他有一拼！

顿时，我的心情就好了很多！

让沟通变得温暖，胜过千言万语，一场高质量的倾听，往往本身就有巨大的助人效果。学会情感反应和积极关注，三观不同，也能好好说话。

吸引力进阶

在亲密关系这一章中，已经提到过人际吸引的法则。我们已经知道，接近性与吸引力影响着我们最初为谁所吸引，而相似性会影响长期的吸引。

这一篇，可以算作对其的补充。在日常生活中，我们并不需要和所有人保持亲密关系，但我们依然需要一份相互尊重的友谊，我们希望我们是受人喜欢的人。那么，什么样的人是受人喜欢的人呢？

真话不全说，假话全不说

美国学者安德森研究了影响人际关系的人格品质。实验结果表示，受喜爱程度最高的六种人格品质是真诚、诚实、理解、忠诚、真实、可信，换句话说，它们或多或少、直接或间接地与真诚有关。而排在系列最后面，受欢迎程度最低的几个品质，如说谎、假装、不老实等，也都与真诚有关。安德森认为，真诚受人欢迎，不真诚则令人讨厌。

值得注意的是，很多人将真诚等同于实话实说。那么，你坦诚地表达你对某人的不满，会让对方喜欢你吗？

显然不会。那么，这是否与真诚的品质吸引相悖了呢？并不是，事实上，真诚不是实话实说，而是不说假话。因此，季羡林先生的那句“真话不全说，假话全不说”，我以为是对真诚最好的诠释。

与积极相关联

很多人喜欢在朋友圈发一些消极的心情，比如“今天宝宝不开心”“真烦啊”“这个世界上还有没有好人了”……

也许，你只是将朋友圈当作自己的日记本，记录心情，发泄心情。但如果你期待朋友圈里的朋友会继续和你交往，请不要这么做。

在中学时，你一定学过条件反射这个词。条件反射告诉我们，两样本来没有任何联系的东西，只要长期一起出现，以后当其中一样东西出现的时候，便无可避免地联想到另外一样东西。

按照这个原理，如果你常常都是在传递负面情绪，那么时间长了，你就和消极情绪关联起来了。而这一切可能你和朋友都没有在意识层面察觉到。

没有人喜欢负面情绪。也许朋友嘴上不说，但行为上一定会离你越来越远，这一切甚至可能发生得无声无息，甚至连他自己也说不清为什么要远离你。这也正是为什么人们总是自然而然地讨厌为他们带来坏消息的人的原因。

事实上，很多人深谙这一点，并将其利用。他们努力把自己与积极的事联系起来，与消极的事儿保持距离。比如，白宫一直有个传统，靠一顿美食来拉拢摇摆不定的议员的选票。实验证明，受试者对就餐期间接触到的人或事物更为喜爱，因为就餐是个令人放松愉悦的情境。

尊重

我们喜欢那些喜欢我们的人。因为喜欢我们的人，可以提高我们的自我价值感，提升我们的自尊感。因此，表达我们的喜欢与尊重，赞美他人总是能获得意想不到的效果。

当然，赞美不是虚伪的表扬，否则就与真诚相悖了。

值得一提的是，近期有一些心理学家指出，频繁的赞美可能失去价值，当关系向更亲密的方向发展时，真诚变得更加重要。

针对这一点我以为，在这个更容易误解“真诚”、难以以正确的姿势表达真诚的年代，与其踩着高跷，抱着真诚的态度批评人，不如选择赞美别人。

因为学会批评太容易，学会真诚表达又太难，与其这样不如选择保险的赞美。因为哪怕是虚伪的赞美也不至于让人对你心存厌恶，最多令你和他生疏，而批评的背后，总埋着一颗炸弹。

你还在“动之以情，晓之以理”吗

放弃“动之以情，晓之以理”

小时候常常听大人说，说服别人就要“动之以情，晓之以理”。然而，长大了你会发现这种说服手段实在是下下之策。

为什么这么说?

因为“动之以情，晓之以理”看似是“合情合理”，实则却是霸道得很，里面充满着一种浓郁的绑架气息，它似乎是在告诉对方：我说得这么有道理，你为什么不做?我都已经这样求你了，你为什么不通人情?这其实是在将对方放在一个道德的低点，而自己仿佛身处道德的高点，你在俯瞰你的说服对象，而这种俯视的视角总是会让人感到充满压迫。

动之以情，晓之以理，说白了还是在说教。而说服人的本质不是要去说服别人，而是要让他心甘情愿地接受。

卡耐基在其经典著作《人性的弱点》中早就说过，自负就是人性的一大弱点。哪怕他自己知道错了，如果你来指证他，以期待他能够忏悔，那简直比登天还难，因为人遇到批评的第一反应便是反抗，便是找理由（或者说是借口）来为自己开脱。

所以，说服别人做一件事，最怕的就是说教。

那么，他怎样才会心甘情愿地做这件事呢？

选择的自由

第一招，让他觉得他是有选择的。心理学相关研究发现，当你需要对方为你做一件事时（比如让对方捐钱、帮你干活儿），如果你在提出请求之后，再加上一句“但是你可以选择做或者不做”，会有多出一倍的人答应你的请求。这背后的机理就是，人们不喜欢被剥夺选择权。如果你对他们提出请求，他们会觉得你只给他们留下一个选项——帮你做事。而为了对抗这种被强迫的感觉，他们会变得更加“心胸狭窄”。相反，如果你主动指出对方有更多的选择，会减少对方被你要求而产生的不悦，也会更平和地考虑你的提议。

其次，在让对方感到有选择时，最佳的体验是这个选项也是他自己做出来的。利用这个原理，在语言上最简单的操作手段就是把“你为什么不做……”换成“你为什么要做……”，其中的逻辑是不要引导他去想不做的原因，而是引导他去想要做的原因。

最后，在减弱对方被你压迫的感觉时，可以试着将这种感觉转嫁到其他人身上。换句话说，这压力不是我给你的而是某个不在场的“他”，而此时本要“说服”你的我，反而是和你同仇敌忾的战友。

放弃弱者思维，寻求共赢

做记者时，常常会接到这样一些微信：您好，我们这边遇到……麻烦了，请您过来报道下。

我回复：您说说您这边的事儿。

对方便有些着急（似乎生怕记者怕麻烦而不愿过来）：我们也可以亲自

去找您的，我们还可以给您补贴的，只要您愿意帮我们报道。

我说：如果有价值，我们自然会报道的，请您把情况给我介绍一下好吗？

对方便开始了一通长长的哭诉和指控。而这整段内容，除了抱怨，却看不见太多实质性的新闻证据。

面对这样的爆料人，我总是很想告诉对方，你这样情绪性地发泄，诉诸自己的痛苦，对于采访本身而言并无益处。因为这事儿能不能报道，显然不是一个记者说了算的。不同媒体有不同的报道方向，如果你提供的新闻线索不符合我们的报道方向，您再怎么求我也是无济于事的。因为单位是不会让我去报道的。就算我把稿件写出来，单位也不一定会发布的。

相反，有经验的爆料者往往会主动挖掘记者需要的新闻点给记者，记者一看，呀，有新闻价值，不用你赶，他自己都会飞快地和单位请示，单位也不忍放弃任何一条有价值的新闻，不多久记者就会赶到你身边听你倾诉。既不用你苦巴巴地央求，也不用你塞红包。

事实上，报道是记者的天职。任何一个记者都不会想要放弃一个有价值的新闻线索的。与其不断央求，不如找到对方的需求点。

人为营造稀缺感

物以稀为贵，我们总会对一些稍纵即逝的东西特别珍惜。比如，自己家买的书，总是买来什么样，若干年后还是什么样。相反，问别人借书，就读得特别快，特别小心。古人把这种现象称之为“书非借不能读也”。

在说服别人做某件事的时候也一样，营造稀缺感总会给我们带来意想不到的好处，尤其是一次性生意的说服上。比如逛商场的时候，你是不是常常本来想买的东西没买，而买了一些计划之外的东西呢？如果你仔细看，你会发现，你买的这些东西多半是促销品。你害怕错过，所以急匆匆地买下了。相反你本来要购买的商品，由于有“今天不买，明天还在”的想法，反倒容易被你忽视。

利用稀缺感的另一个方法就是在谈论一项对方不喜欢的议题时，加快语速。研究发现，当你在说服他人去认可一个他们本身不喜欢的观点时（比如，让一部分父母接受“女孩子不早点儿结婚也不错”），适当加快你的语速会让对方更容易接受你的观点。这可能是因为，较快的语速会使得对方潜移默化地认为要快速判断回复，从而没有时间去思考应该如何反驳你。

登门槛效应：人若帮助你，就会答应你

1966年，美国心理学家曾做过一个实验：实验者让助手到两个居民区劝人们在房前竖一块写有“小心驾驶”的大标语牌。在第一个居民区向人们直接提出这个要求，结果遭到很多居民的拒绝，接受的仅为被要求者的17%。在第二个居民区，先请求各居民在一份赞成安全行驶的请愿书上签字，这是很容易做到的小小要求，几乎所有的被要求者都照办了。几周后再向他们提出竖牌的要求，结果接受者竟占被要求者的55%。

心理学家认为，在一般情况下，人们都不愿接受较高较难的要求，因为它费时费力又难以成功，相反人们却乐于接受较小的、较易完成的要求，在实现了较小的要求后，人们才慢慢地接受较大的要求，这就是“登门槛效应”对人的影响。明代洪自诚也曾谈到这个问题，他在《菜根谭》中说：“攻人之恶，毋太严，要思其堪受；教人之善，毋太高，当使人可从。”而我们现在常常给人家戴高帽，其实也是这个心理现象的应用。

提供一个反方观点，并驳倒它

许多人在说服的过程中，倾向于只举支持自己观点的例子，因为他们害怕如果谈到了反方的观点，会让受众更加注意到自己说法里的漏洞。但是，在论证自己的信息的正确性时，如果你能举一个反对自己的例子，然后驳倒它，会更容易说服你的受众。因为当你举出反例时，人们往往懒得自己再去

想出更多反例。同时，当你证明反方的观点站不住脚时，你也自然提升了自己观点的可信度。

当然，这个问题并不是一刀切的。研究表示，对一般公众，单一倾向信息的说服效果较好。对文化水平高的信息接受者，提供正反两方面的信息，说服效果较好。

权威感

即使很多人反感权威，但权威总是会为我们带来某些好处。因此，靠近权威是人的天性。

增加权威感，有两个非常有效的小技巧：

中间位置效应：心理学家普里亚·拉古比尔和安娜·巴伦苏埃拉对电视游戏节目《智者为王》做过很多分析。在节目中，选手们围成半圆形，每一轮辩论都会有一位选手被其他选手投票淘汰。平均而言，站在半圆形中间位置的选手大约有42%的机会进入决赛，并且会以大约45%的概率赢得比赛。而那些站在边角位置的选手进入最后一轮的概率率只有10%。在另一个实验里，研究人员向参与者们展示了5名申请实习工作的候选人的照片，要求他们从中选出一位。结果，放在中间位置的人的照片被选择的概率要大大高于放在边角位置的人。研究人员确信，人们在看一个集体的时候，总是下意识地认为“重要的人坐在中间”，这种现象叫“中间位置效应”。因此，如果你想在会议上给其他人留下深刻的印象，就要坐在中间的椅子上。

王婆卖瓜，自卖他夸：哪怕自己再有能力，通过别人来提供背书总比自己自吹自擂来得具有说服力。这个道理很多人明白，但并不善于找到这样夸奖自己或为自己做信用背书的人。其实，要找到这样一个人并不难，只要你转换思维。很多人以为为自己提供背书的人一定要是专家，或者中立方，反正不能和自己有利益关联，否则别人会认为我们是自卖自夸。其实这个观点只要稍稍转变——不把他看作是和你一个团队的人，而是看作与你相互独立的人，有的时候，哪怕是自己人为自己背书也是非常有效的。比如，一家咨询公司的前台可以对来访者这样介绍：“您好，根据您想要咨询的方向，我们这边有位分析师非常擅长这方面，他做了这些成就……（举例），我让他来为您提供帮助，好吗？”这样一介绍，你的说服力，是不是一下子就上去了呢？

一杯暖暖的咖啡

一个心理学实验发现，手持一杯热咖啡的人更容易取得与陌生人的信任。这是因为，生理上和心理上的温度信号都在大脑的同一个区域加工，而这个区域通常也被认为是社会情感信号重要的加工区域，因此物理温度不仅可以影响我们的心理温度和情绪，也能够改变我们对世界的看法。

所以，当我们没有办法直接走进别人的内心时，我们可以通过提供一杯温暖的咖啡的方式，逐步增加对方对自己的信任。

如何通过察言观色打开对方的心扉

人们总是善于隐藏自己的情感。

有的时候，即便我们很想和对方开诚布公地交心，我们抱着120分的诚意想要解决问题，对方却遮遮掩掩。这或多或少与自我保护有关。敞开心扉，总是很难的。毕竟，这个世界最难买的就是“信任”二字。

如何打开对方的心扉？消除对方的顾虑，成为沟通的关键。当对方不愿通过言语告诉你他在想什么时，我们有什么办法可以做到了解对方吗？

这里就涉及非言语行为的观察了。非言语行为能提供许多言语不能直接提供的信息，甚至是对方想要回避、隐藏、作假的信息。

市面上有非常多教人察言观色的微表情书籍，但我以为并不好用。因为微表情的持续时间非常短，只有0.04~0.2秒。没有经过特殊训练或在相关的仪器帮助下，我们很难真正察觉到。

另外，非言语行为因人而异，同一个人在同一时刻，也可能有多种非言语行为同时出现，比如在眨眼睛的同时抿嘴巴，而我们的注意力有限，到底又该如何观察呢？

基于此，对于我们普通人而言，我的建议是观察以下六种不同寻常的表现：

1.触摸或按摩颈部：我们的颈部有许多神经末梢，只要稍加按摩，就可以有效降低血压与心跳速度，消除紧张。另外，按摩额头或是摸耳垂，也都是一般人紧张时会出现的动作。而如果男生拉着领带，或是女生玩弄颈上的项链，也代表同样的意思。

2.深呼吸或是话变多：深呼吸是立即平缓情绪的最简单方法，因此当你看到对方深呼吸，就知道他可能在压抑自己的情绪。或是在过程中对方不太爱说话，却突然话多了起来，也代表他的情绪开始变得不稳定。

3.用手放在大腿上：紧张时我们也会不自觉地将双手放在大腿上来回摩擦，试图平缓自己的情绪，因此这个动作也是另一个重要的线索。

4.有时候当你发现对方动作快速，决定很果断，通常这么做的目的是为了掩饰自己没信心。真正有自信的人会深思熟虑，而不是不假思索就做出决定，急着展现自己的信心。

5.背离动作：足部行为是显示意向性的行为。面对不喜欢的人，或是想要逃离现场不愿意继续交谈时，人们的双腿通常会自然地背离谈话人的方向。此外，后背转向谈话人，也意味着不愿意再交谈下去。比如，小孩在听父母训斥时，嘴巴在说："是的，是的，我知道了。"他同时把身子转了过去，其实是在发射另一种信号："够了，够了，我要走了。"

6.冻结行为：限制自己的肢体动作，被称之为"冻结行为"，比如双脚僵硬在一旁，冻结行为通常表现在人说谎的时候。另外，当面对别人问话时，迟疑常常就是默认。

当你观察到以上的行为时，就可以依据情况决定自己是否要乘胜追击，迫使对方答应你的要求，或是说些话让对方放松，以利于接下来的对谈。

不过，由于人的不同习惯，会有很多不一样的非言语行为，因此这些方式只能供参考，切不要轻易给人扣帽子。毕竟我们的目的不是为了揭穿他人，而是为了更好地沟通。换句话说，只有对方心悦诚服地愿意接受你的观点，这才能真正达到我们的目的。相反，即使强硬地要求、强迫对方去做，也只会得到"真没办法"的回答。

用好非言语行为，营造更好的沟通氛围

非言语行为不仅可以用来察言观色，还可以用来促进沟通，表达你对对方的尊重以及关切。

那么，该如何利用好非言语行为呢？有三项简单易行、见效快、效果好的技巧，在此做个简单介绍。

首先，把握好双方的距离。

每个人都拥有一个自己的空间，以保持自己的独立、安全和隐私的需要。在陌生环境下，人们会下意识地通过保持物理上的距离来寻求安全感。比如，在电梯里靠墙而立，座谈会时坐在第二排，开会时坐在后面。如果他人不适宜地闯入自己的空间，就可能引起不满、愤怒、反抗。

因此，当我们在和一个并不熟悉的人聊天时，与对方保持一个相对安全的距离，有助于沟通的进行，避免对方产生不适。那么，我们和对方之间的距离该如何把握呢？

美国人类学家爱德华·霍尔博士为人际交往划分了四种距离，由远到近分别是公众距离（约3.7米～7.6米）、社交距离（1.2米～3.7米）、个人距离（46厘米～122厘米）、亲密距离（15厘米～44厘米）。一般在商务活动

中，或者面对不太熟悉的朋友，我们需要保持公众距离或社交距离。对于虽然认识，但无特别关系的朋友，在进行非正式的个人交谈时，我们可以保持个人距离。只有与亲人、熟人、朋友，我们才可以出现亲密距离，如果不分场合和亲疏，任意踏入别人的亲密距离，他人就会对我们产生敌对感。

当然，在特殊场合下，比如面对精神极度崩溃的朋友，我们也可以缩短距离的方式，如微微前倾身体或拥抱对方，来表示我们的接纳与关切。

其次，利用好你的目光。

眼睛是心灵的窗户。在传递信息的所有部位中，眼睛是最重要的，它可以传递最细微的感情。如果对方在说话，你却东张西望，或者玩手机，显然是对对方的不尊重。然而，如果你死死地盯着对方的眼睛，又会给对方带来一种压迫感。换句话说，目光范围过小会使对方产生压迫感，而目光范围过大则会显得太散漫、随便。那么，眼睛应注视对方的哪些部位呢？一般来说，目光大体在对方的面部为好，因为这样的范围能够给对方一种舒适的、很有礼貌的感觉。

第三，声音的把握。

声音亦是交流信息的重要窗口。相关研究人员认为，当一个人说话的声音和说话的内容不符时，对方可能更相信声音的含义而不是语言。比如，有人向你叙述某一件痛苦、忧愁的事情时，哪怕你嘴上说“我理解你的痛苦”，但如果语气不温暖，对方也只会认为你是敷衍、打发他。因此，和人建立良好的沟通氛围，我们不仅要学会说什么，还要学会用什么语音语调语速说，声音的效果有时比语言的内容更具感染力。

说不，不糟糕

有些老好人，特别怕说不，比如以前的我。当别人有求于我时，哪怕我非常非常想拒绝，在心里打了一万遍如何拒绝的腹稿，脱口而出的永远是那句不情不愿的“好吧”。

比如，我要休年假，结果主管用拜托的语气为难地对我说：“我人太少了，怎么调班也调不过来……”（潜台词是：能不能不休假了？）

于是，哪怕我想了千百个理由，比如“我回家的机票已经买了”等，最后我还是会妥协：“好吧，那改日再休假。”因为当主管和我说这些话的时候，我是真的以为我走了会给工作带来麻烦，主管是真的很为难，才会说出这样的话。

不过，虽然妥协了上班，但放弃了一张机票，我心里也疼得很，上班也上得心不甘情不愿。尤其是在不久后，看到另一个同事竟然和主管请到了年假时，我的怒火就上来了，“凭什么啊，为什么我不能休假，她能休”，不过这些话都在心里，我并不敢说出来，因为我怕主管因此生气。

无独有偶。朋友C也是这么一个人。

C是本地人，M是外地人，过年时M要回老家，于是跟C说，“过年期间，你能不能去我家照顾一下我的小猫咪？反正你也是本地人，不麻烦的！”

谁说不麻烦！我跑来跑去不麻烦吗？况且，我过年也计划了小出行啊！不过，这些话C也只在自己肚子里说，想到小猫咪确实没人照顾，想到M确实要回老家，C只能答应了。

于是，C过了一个非常不开心的年。

委屈自己，答应别人，我们并不开心。

但为什么我们总怕拒绝呢？因为我们怕自己的拒绝会给别人带来麻烦，担心别人不喜欢自己。

其实我们忘了，一个人会不考虑我们的感受，硬把担子往我们身上压时，他就已经不是朋友了。

当然，不否认真的会有朋友需要帮忙的时候，我们能帮尽量帮。但如果我们也真的有计划，我们真的不想帮忙时，别因为担心朋友可能会走投无路而妥协。

朋友不会走投无路的！正如我的主管在安排别人休假时可以调班，而M也不是只有C一个本地朋友。换句话说，人们在请别人帮忙的时候，其实都不只做了一手准备，只是如果我们答应请求，可以减少对方的麻烦罢了。

有人说，拒绝了朋友，朋友会不会生气啊？我不拒绝他，是因为不想失去这个朋友啊！

首先，我并不是说我们总是拒绝朋友，如果每当朋友有麻烦的时候，你都拒绝，那你也就真的不是对方的朋友了，对方生气是正常的。相反，如果因为一次拒绝就生你气的人，那么他也只是个索取者，这样的人也不会是你真正的朋友。

怕拒绝的人，还容易会出现一种情况，明明做不到，但为了不让对方失望，而勉强敷衍说："到时候看看吧。"

以前采访的时候，常常碰到这样的情况。单位派了个选题下来，让我们找人采访。于是，我约了一位大明星。

大明星的经纪人先问了很多关于我们媒体的情况，在确定了愿意接受采访后，回复邮件说："我们对这个选题也非常感兴趣，你把问题先发给我们看看吧。"

于是，我把采访提纲发了一份给这位经纪人，经纪人回复说："××最近很忙，等他有空了，我让他回复一下吧。"

这个回复，让我非常开心。我以为采访八九不离十了。于是我也没再去联系其他采访对象，毕竟版面有限，如果都采访了又不发稿，有些说不过去。

然而直到快截稿，这位经纪人还没有明确我的采访时间。我有些着急了，便催促说："能否尽快安排。"

没想到，这时对方才告诉我："对不起啊，××太忙了，以后有机会很愿意和你们合作。"

一句对不起，让我陷入了被动。

所以有的时候，愿意或不愿意，有空或没有空，直接说就好了，为了避免他人失望而敷衍婉转，这不是不让别人伤心，而是让别人更伤心啊，因为你让别人怀有期待。

说不，没那么糟，别害怕。

相信对方可以改变

很多人都听说过一个心理学实验：囚徒困境。

囚徒困境讲的是，两个共谋犯罪的人被关入监狱，不能互相沟通情况。如果两个人都不揭发对方，则由于证据不确定，每个人都坐牢一年。若一人揭发，而另一人沉默，则揭发者因为立功而立即获释，沉默者因不合作而入狱五年。若互相揭发，则因证据确实，二者都判刑两年。由于囚徒无法信任对方，因此倾向于互相揭发，而不是同守沉默。

如同囚徒困境的实验情境一样，现实生活中大多数冲突都是非零和博弈。合作，对群体而言是最有利的行为，但合作需要信任，而信任有一定风险。为了保护自己不变成最糟糕的那一种情况，我们却常常会选择不合作。

不过，心理学家也发现，如果事先充分沟通，大家选择合作的概率会增加很多。因此，有效的沟通对于问题解决非常有帮助。这也是我在这一章中，重点描述了如何倾听、如何察言观色等沟通技巧的原因。

所有沟通技巧，都必须建立在一个条件之上：我相信问题可以得到解决。

道理浅显，但知易行难。我们在生活中常常先入为主，戴着有色眼镜去看人。一方面，希望对方可以改变，另一方面却总是忍不住说：“算了算了，不跟你说了，你就是这样蛮横无理、冥顽不灵的人。”可是，你都懒得说了，对方还能变吗？

很多时候，阻碍沟通的正是我们的成见。当然，对方有时可能确实会有些固执，但我们一旦给对方贴上了这个标签后，我们便会放大彼此间的差异。这是因为自我服务偏见会使得个人或群体乐于承认自己做的好事，而对自己做的坏事推卸责任。当无法摆脱责任时，人们就会采用自我合理化的方式向否认错误方向倾斜。同时，由于基本归因偏差，冲突中的双方都认为对方的敌意反映了他们的邪恶品质，然后他们将会按照自己的成见过滤并理解得到的信息。要命的是，偏见一旦产生，就难以改变。

请记住，相信对方可以改变，事情才能得到改变。不要让我们的机会，丧失在了猜疑之中。

第六章

不可不知的人性

人性的深处，总有一些不可明说的东西，一旦有了合适的土壤，就会蔓延生长。

所谓成熟，就是看见人性

评判一个人成熟的标志是什么？

如果从思维方面来找一个评判标准的话，我以为辩证思维就是最好的代表。

美国心理学家帕瑞对青年期的思维进行了研究，并将青年期的思维发展分为三个阶段：二元论阶段、相对论阶段、约定性阶段。

所谓二元论阶段就是非黑即白的思维方式。相对性阶段就是能够通过对知识和真理相对性的认知，通过比较审视不同的观点，找出解释现实问题的有效理论。约定性阶段则是指个体既能坚持用约定俗成的观点来认识问题，又能具体问题具体分析，从不同观点和立场调整认知。他们既能把握事物的本质和规律性，又能意识到所有的事物都具有运动和变化的性质，进而在认知中表现出规定性的综合和多样性的统一，进入辩证逻辑思维阶段。

综上可见，二元论思维到辩证逻辑思维是思维迈向成熟的重要表现。

那么，什么是辩证逻辑思维呢？我们不妨来做一个考题：当你看见一个年纪有点儿大、头发已经花白的清洁工人在雨天清扫大街，车流不断从她身边穿过，同时得知，她的工作不仅辛苦，有一定危险，而且工资还很低。这个时候，如果有人问你，“如果国家调高清洁工的最低工资，你同意吗？”

如果你的回答是“同意”，那么请回答第二个问题：谁应该比现在的工资低呢？

或者，我们将这个问题再进行一个变形：提高个人所得税好吗？税收多了，国家就可以用于调整部分人群的工资了！

这个时候，你大概意识到了问题的关键点在哪儿。资源是有限的，在保证总体资源不变的情况下，清洁工的普遍工资高了，就意味着一定有人的工资必须降低。

这就是辩证思维。辩证思维是在看到利的一面，同样能够分析到弊的一面。

可惜，这个道理很多纯粹发泄情绪的网民并不理解。人们常常只要单纯的好，却忘记了凡事背后都有代价。

然而，看到事物的两面性并不是真正的辩证思维，或者说这只是狭义的辩证思维，真正的辩证思维应该是，不仅看到事物的两面，还看到了事物的多元面，尤其是那最难为外人道的人性。

以踢足球为例。著名经济学家、《魔鬼经济学》作者史蒂芬·列维特曾写过一篇有关点球的论文，他发现：在点球大战中，往往罚中间的成功概率最高，因为守门员往左扑是50%的概率，往右扑是48%的概率，往中间扑的概率是2%。

然而，你会发现几乎没有人这样踢。为什么？是足球运动员不知道这个秘密吗？当然不是，做个大数据的分析就可以轻松得出这个结论。史蒂芬认为，这其实是球员基于自己利益考量。因为向中间踢球，如果守门员反应慢了半拍，你不小心输了球，批评声一定一片又一片，觉得你没努力。但是，向旁边踢就不一定了，输了球，别人会觉得你运气不好，责任不在你。

看到了没有，明明最理智的选择是向中间罚球，但为了自己的利益最大化——责任不在自己，宁可输球也不要选择最佳选项。

这就是人性。看到人性，理解人性，我以为才是辩证思维的真正要义。

她什么都没错，为什么要下岗

小张是一家媒体的记者，前段时间被下岗了，心情很郁闷。不过，更让她郁闷的是，她一直想不明白，自己为什么要下岗——单位只给了给她一句话：你不适合这份工作。

小张推测单位辞退她的原因，主要是主管编辑和自己不和，打了她的小报告。

“她不允许我提出反对意见。她表面上强调新闻要客观，欢迎记者和她沟通，但是每每涉及具体的业务上，她呈现出的姿态常常却是独裁、霸道、偏见。有一次，她看到一家自媒体发表的文章就转给我了，说让我去跟踪这篇报道，还给我了我一些采访意见。可采访后，我发现事情根本不是自媒体报道的那样，就和她说这题可能做不了，结果她立马就劈头盖脸地骂我，说我怀疑她……这种事情发生过好多次，她手下的几个记者都有相同的抱怨，这不是我污蔑她！”

我说：“总不是她一个人说你不行，你就不行了吧？”

小张说：“我们工作比较自由，主要就是和主管编辑进行业务往来。所以，我工作的好坏几乎就是她来评价的。”

我说："你有委屈，可以和领导沟通呀！"

小张说："编辑传递单位'要我辞职'的信息后，我就和主编沟通了，其实当时和领导聊得挺好。当我把编辑主观先行的一些情况告诉领导后，领导的意思，好像还是站我这边的……我以为这件事就到此为止了，心想还好领导是挺自己的，于是更卖力工作了，结果一周后领导电话里跟我说：'不好意思，还是你辞职吧！'"小张抽泣起来，"这哪里是我辞职，分明就是逼我辞职嘛！我怎么也没想到领导的态度会变化这么大！"

假定小张说的都是实情，请问领导为什么还要"牺牲"小张呢？

我问小张："你对编辑的意见，有没有当面和她沟通过？"

小张："我会尽量忍。有几次，没忍住还是争执了。不过没有用……"小张叹气。

"你都怎么忍的？"

"就是不太积极做我没把握的选题。碰到那种我觉得有争议的选题，我会直接和她说，我做不了。"

"你和编辑发生争执，你怎么确定就一定是编辑主观先行呢？"

"这非常明显的。首先，采访是我去的，情况我当然最清楚；其次，我们单位因为采访疏忽，已经收到过一些律师函了；第三，这段时间以来，单位其实都在严肃处理采访不谨慎的问题，内部非常重视这个问题。唉，这也是我想不通的地方，明明是我做了对单位有利的事，为什么走的人要是我，而不是她！"

"那此前你是否有将这种情况反映给上层领导呢？"

"我总觉得干好自己的事情就够了，跨级报告不是一件好事。所以，以前和编辑有冲突，我都是采取默默忍受的姿态，这次是因为要下岗了，所以我才不得不和领导汇报了。"

话到这边，小张不明白的事儿，我却大概明白了。

首先，整顿采访纪律是一回事，而整顿人心是另外一回事。换句话说，让小张走人的原因不是她在业务上做错了什么，而是她不服管理。如果一个员工不愿服从上层的管理，那么公司的决策将很难施行，这对于一家企业而言同样是致命的伤害。

有人也许会问，明知道主管错了，难道也要跟着错吗？当然不是！你可以选择怎么说、和谁说。比如，小张可以有策略地向主管编辑探讨新闻业务，在和主管编辑沟通无效后，也可以直接和领导反映情况。但小张没有这么做，她一方面怕得罪主管编辑，选择了“忍”，另一方面也没有将此事告知领导，她的策略是“你做你的，我按照自己的来”，而这在领导眼里，就是明哲保身，没有和单位一条心扛到底。领导和编辑甚至会想：“你不就是冷眼看笑话吗？”而对于公司高层管理人员而言，他更想要的是能与单位同进退的人，而不是意见不一致，就在一旁袖手旁观，冷眼等着看“出事”，以证明自己多有先见之明的人。

这家单位会不会继续留任这位编辑我不知道，但从管理的角度来说，领导坚持让小张走，并没有错！而小张的故事也告诉我们，在一个团队里，我们千万不能做躲在一角冷眼旁观的人，因为这种人无论坚持的是对还是错，他都是领导心里最恨的人——因为他对公司“无情”。

亲人朋友为什么会背弃我

人家都说，姑嫂难处。但老吴和她的姑子老陈相处得可好了，甚至比自家姐妹都亲。

老陈经济困难，老吴借钱借房给老陈！

老陈女儿找工作，老吴："推荐来我们公司上班！"

老陈的外孙女要上学，但户口所在地学校不如意，老吴便各种关系打点，终于上了所重点！

老陈自然对这个嫂嫂满意极了，逢年过节，大包小包的礼物，往嫂嫂家送。

一来二往，情分越来越深。除了物质上的互惠互利，两人也特别能聊到一起去，常常一聊就是一个下午。

然而，一件事打破了两人的情分。

老吴借了一笔钱给公司项目想赚个高利息，但公司老板说，自己员工支持公司工作不要轻易退款，老吴担心要用钱的时候取不出来，于是便和几个信任的朋友商量，把自己的钱以朋友的名义借出去，其中就包括了老陈。

突然多了一笔钱在自己名下，反正也不吃亏，还能帮嫂嫂的忙，老陈自然答应得欢快。

起初一段时间，这项投资都进行得非常顺利，每个月都能拿到不少利息，大家看老吴赚了不少，朋友便心痒痒地说：“我们也把钱放进来吃利息吧。”

于是，这些朋友也把钱放进了公司。大家一起赚钱非常欢乐，每到发利息的日子，领了钱便出去聚餐，觥筹交错中，大家敬酒给老吴说：“多亏你，带我们发财！”

老吴也沉浸在大家的恭维声中，咧开嘴，滋滋笑。

但好景不长，一年后公司项目资金链断裂，老吴担心资金回款困难，便说要把钱赎回。

谁知借钱容易还钱难，老板以各种理由抵赖。

这个时候，大家开始怪老吴了：“不是你推荐的吗？”

老吴也生气：“是你们自己看着赚钱要放进来的！”

“我们是相信你，才把钱给你们公司的！”朋友和老吴撕了起来。

在争吵声中，友谊殆尽。

钱还是要拿的。老吴和朋友各显神通去要钱。

有人去求老板还钱。有人去这家老板公司闹，逼迫老板还钱。而老吴在闹腾无果之后，选择了打官司。但官司难打啊，这钱毕竟不是自己的名字。老吴找到一个借款额最大的朋友说：“因为我的八十万写了你的名字，能不能以你的名义起诉。”朋友担心起诉后会惹怒这个老板，自己的二十万拿不回来，于是拒绝了。

老吴心里难受，找到老陈倾诉，老陈当然站在嫂嫂这边，帮着骂这些朋友：“她借出去的这二十万，利息早就收回来了，就当没赚钱不就是了吗？真没义气！”

几天后，老吴突然想通了，不然就不要那笔最大的钱了，自己不是还以老陈的名义借了五十万给公司吗？不然，就先起诉这笔钱好了！

于是老吴打了电话给老陈，没想到当初怒斥朋友的老陈，也找各种理由拒绝了："你知道，我们家困难，我那二十万，现在还没全部要回来，这会影响我讨债的——老板答应了会陆陆续续还钱给我的。"

老吴又哭了几晚。被亲戚拒绝的滋味更不好受。

后来，律师和老吴商量："要不就以你的名义起诉，让老陈证明一下这笔钱是你的就行了。"

老吴心想，这样老陈应该会答应的，毕竟不用和老板见面，不会起冲突。

于是，老吴和老陈通了电话："你还是帮我做个证吧，不会见到原告的，只是和法官说清楚事实就可以了。如果你担心被老板知道，要不回钱，那么只要我的官司赢了，老板欠你的钱，我先垫上给你，等他还你钱了，你再还我。这样行吧？"

老陈答应了。

官司如期开庭。

法官要求老陈出庭作证，说明资金来源于老吴。但老陈突然变卦，拒绝出庭。

不是答应好了吗？怎么出尔反尔？老吴很生气。老陈的理由是：我担心你这钱来路不明，不然你为什么不写自己的名字。

老吴说，你又不是不知道当时的情况！自己员工的钱不好随时退，所以我才写了你的名字！我给你看这些钱的流水账单啊，全都来路正当，清清楚楚，明明白白！

老吴痛心疾首，没想到亲戚居然怀疑自己，老吴心想：我帮你的时候，你怎么不说这些钱来路不正呢？

不过打官司要紧，老吴请家里人帮忙，希望通过亲情的力量，希望劝服老陈。

老陈终于妥协了，答应第二天去和法官说明情况，两人约好早上9点在法院门口见。

然而，第二天老吴带着律师在法庭门口等时，老陈居然没来。打电话过去，老陈也拒接。

临时的变卦，让老吴手足无措。

老吴气得心脏病都犯了，她怎么也想不通，亲人怎么可以做得如此决绝！想到自己以前帮老陈的种种，老吴气得打了自己两个耳光，腿一软，瘫倒在法院门口，失声痛哭。

是啊，为什么是亲人，又是朋友，这么铁的关系，还要在关键时刻言而无信背弃对方呢?

这其实就是人性。老陈虽然也知道帮忙说个事实，于情于理都是应该的，不然也不会批评那个拒绝帮老吴的朋友。

可是，老吴不是答应要到了钱，也给老陈吗？她还在顾虑什么呢？因为不信任，不相信官司一定能赢。哪怕输的概率只有10%，只要输了，自己就既不能从嫂嫂这边得到钱，又因为得罪了公司，不能从老板这边讨到钱！但是如果不帮忙，至少自己还有一条路是可以走的。

在利益面前，没有是非，只有划算！

我们理解人性，但还是不得不说，老陈真傻！与其相信那个会赖账的老板，不信任自己的亲人，最后也只能落到亲人走散的境地，而二十万能换回一份其乐融融的家庭氛围吗?

有“社恐”的姑娘怎么也会泡吧

何小姐提出要和王先生分手，这让很多人都很诧异。刚刚结婚一年，怎么就要闹离婚？

何小姐和王先生是本科同学，相识七年，恋爱四年，结婚一年。婚后两个人一同在南京买了一套房子——男方家出首付，夫妻共同还款。

虽然经济上有些小压力，但两口子的幸福生活让很多人羡慕不已。当然，更多人是羡慕王先生能娶到何小姐这样的媳妇儿。何小姐虽然长得算不上惊艳，但十分秀气，还做得一手好菜，性格也很温和，是东方男人心中典型的好太太。

当然，两人也并非没有摩擦。婚后不久，由于何小姐在工作上遇到了人际关系上的麻烦，她自称“社恐”，便辞职在家。由于还背负着房贷，最初王先生是不乐意的，他有些埋怨何小姐：“辞职之后为什么不找新工作，而要待在家里。现在家里开支都是我一人负担，还要还房贷，这让我感到压力很大。”

据说，这是两人婚后的第一次大的争执。有长者劝王先生说：“她只是需要一些时间进行自我调整，你这个时候要做的就是关心她，你要相信，她只要调整好了状态，自然还是会去找工作的。”

王先生是爱何小姐的，在旁人的劝说之下，王先生同意并支持何小姐不工作，就在家里好好休整一段时间。

然而，令王先生没想到，也令所有人没想到的是，王先生在外辛苦赚钱养家，何小姐却爱上了泡吧，还出轨了。这让所有人都大跌眼镜。任何人都可能出轨，可是这个声称有“社恐”而拒绝工作的何小姐怎么也会泡吧，也会出轨?

一时间，所有的指责声统统都指向何小姐。有人说，何小姐“社恐”是假，好吃懒做才是真；有人说，何小姐简直是忘恩负义，丈夫辛辛苦苦养家还贷，自己不帮忙也就算了，还背叛老公……

但我以为这样的评说难免有失偏颇。首先，我们都是外人，都只能在这段关系中看到结果，当事人心中的苦闷只有当事人自己知道。其次，就掌握的信息来看，我并不以为何小姐自称“社恐”是说谎。而我以为，两人关系之所以从恩爱夫妻变成如今分道扬镳，很有可能问题就出在王先生没有正确处理何小姐的“社恐”问题上。

实际上，社交恐惧不等于没有社交需求。越是害怕社交的人，其实内心是越渴望人群的。他们只是没有太多安全感，他们想要靠近人群，却又害怕亲近人群。其实，面对这样的社恐人士，最好的药不是逃避，而是鼓励他们去亲近。

逃避是没有办法解决问题的。问题只能去面对，而不能靠逃避解决。事实上，很多我们以为克服不了的难题，其实只要咬着牙做下去，就会发现都不是什么大事儿。相反，逃避的结果是什么呢？王先生变成了何小姐的唯一。唯一意味着什么？唯一意味着王先生只要稍有疏忽何小姐的情感需求，何小姐就会瞬间崩溃。她的内心OS是：我只有你啊！

然而，王先生终究是一个人，他没有三头六臂，他不可能面面俱到。因此，情感需求得不到满足的何小姐，只能对外索取，才有了泡吧和外遇……

所有人都需要爱与亲密，这是人性，与是否“社恐”无关。

伤人不自知的人都在想什么

在电视上看到这样一档寻人节目：丈夫带着妻子见女网友。

光看标题，信息量就足够大了！丈夫是要有多大胆，才敢带着老婆来见女网友！

原来，这个女网友是该男子（节目中的丈夫）读书期间的一个笔友，二人未曾谋面，仅以书信往来。在信中二人互为知己，而来自笔友的鼓励与赞美，更成了女网友奋斗的动力。不过男子年龄尚轻，父亲担心儿子早恋，便私自扣留书信，导致和女网友断了往来。

若干年后，男子结婚了，有了贤惠的妻子和成功的事业，生活幸福美满。然而一场偶然，却将幸福打破——男子发现了被父亲私藏的女网友的书信。误会被解开的同时，男子的思绪也被带回十七八岁。

于是，已经结婚的男人展开了一次寻找女笔友之旅，甚至上了电视，也就有了这档节目。

电视上，丈夫、妻子、女网友三人的表情都相当复杂。男子心中也许还有那一丢丢的纠结：如果没有父亲当初的干涉，今天很多事情也许都会改写。女网友得知一个男人对自己心心念念如此多年，大概也会有一丝隐秘的快乐。然而，最委屈、最无辜的大概是这位妻子——一个陌生人，就这样突如其来地进入了自己的生活，自己的丈夫原来心里还有颗朱砂痣，而且这颗朱砂痣日后还有变成定时炸弹的可能。

所有人都能看出妻子的难过，除了她身边的丈夫。倒也不是真的故意忽视，只是无暇顾及吧。在这个男子心里，也许是这样想的：我是坦坦荡荡的，我是问心无愧的，我既没有背着你去找女网友，也没有发生不轨的行为，更不会和你离婚，过去的已经过去，我只是想找到这个女笔友，了一了误会，表一表感谢……

但问题是，没有欺骗就可以肆无忌惮地伤害爱人了吗？坦白，就能不顾及枕边人的心情了吗？更何况，过去的如果不在现在的时间维度出现，那才叫过去，当过去和现在交织，便很难再是“过去”了啊！——这段“过去”将成为妻子心中永远的结。

看到这档节目后，我很快便在朋友圈转发了，并附上了一段评论：别让你自以为是的坦率，成了伤害爱人的借口。

随后，有朋友留言道：这哪里是坦率，这分明就是情商低。

是啊，这分明就是情商低，而男子之所以低情商，就是缺乏对人性的理解。自以为做到问心无愧，就不会对他人造成伤害。殊不知，有些伤害，正是当事人的自以为是导致的。

正如清代学者戴震所说：其人廉洁自持，心无私慝，而至于处断一事，责诘一人，凭在己之意见，是其所是而非其所非，方自信严气正性，嫉恶如雠，而不知事情之难得，是非之易失于偏，往往人受其祸，己且终身不寤，或事后乃明，悔已无及。

事实上，我们常常所见的“好心办坏事”，原因多是如此，他们凭着自己的“问心无愧”去做自己以为对的事，而忽视事情之难得，不体察人心之隐。

因此，我们需要做的第一步便是提醒自己，事情并不总是我们自己以为的那样，少一些自以为是的对，多一些对他人人性的谅解，我们对他人的伤害就会少一些，我们的后悔也会少一些。

别让合理化把你变成不喜欢的那个自己

反腐剧《人民的名义》收获了无数好评和热议。

其中，贪官祁同伟虽是反派，但在他倒下的那一刻，许多观众并没有痛快之感，更多的是同情之心。大家同情祁同伟倒不是说他罪不当死，而是因为他是剧中唯一一个在权力的游戏中战斗着的、和大多数人一样背景的“普通人”。有人说，祁同伟之所以走到这一步实在是因为靠正常途径升不上去。正如祁同伟自杀前的那句：“我没办法的！”

不过我却想说，即使是这样祁同伟依然不值得同情。祁同伟口中的不得已，只是他的自欺欺人而已。因为人生中唯一拥有的自由就是选择的自由。不然，为什么达康书记能够守住底线？

不仅是祁同伟，我们生活中很多人都是这样，他们一边做着自己也不认可的事儿，一边还在口口声声说着“我也不想这样的”。比如，有些会计一边做着偷税漏税的假账，一边却说着“都是老板逼我的，老板太无良”。比如，有些人性格急躁，一不开心就摔桌子踢凳子，甚至家暴老婆，一边却说着“唉，我也很后悔，都怪我这性格不好，改也改不了”。比如，有些人一边托着关系找工作，一边却又说着“我也不想的，可是大家都找关系，我不找关系，不就吃亏了吗”。

殊不知，正是我们口中的“我是被逼的”“我有苦衷的”“我没办法”，让我们一步步走向了我们不喜欢的那个自己。

心理学上有个词叫自我防御机制。自我防御机制是由精神分析学派创始人西格蒙德·弗洛伊德提出的，后由他的女儿安娜·弗洛伊德进行了系统的研究。虽然弗洛伊德的理论在日后被各种抨击，但不可否认的是，由其开创的精神分析理论是具有跨时代意义的。

弗洛伊德认为，人的心理活动分为意识和潜意识两大层次。意识是被你能觉察到，并进行反省和思考的部分，潜意识则是无法被你察觉到的部分，包括原始冲动和本能。同时，弗洛伊德还将人格分为本我、自我、超我。其中，本我服从快乐原则，自我服从现实原则，超我服从道德原则。按照弗洛伊德的说法，所有的本我都是潜意识层面的，它是不会思考的，只会寻求快乐，而自我和超我则是既有潜意识的部分，也有意识的部分。

一般来说，本我、自我、超我是察觉不到的，只有它们发生冲突的时候，才能被个体察觉——这就涉及了自我防御机制。所谓自我防御机制是指，当自我在承受本我欲望压力时，同时又兼顾现实压力时，形成的一种功能，这种功能可以使人们在不知不觉中，用一定的方式调整自我欲望与现实之间的矛盾，从而避免了精神上的痛苦、烦躁、焦虑等一系列负面情绪。

在自我防御机制中，最常见的应该就是合理化了，而这也正是让祁同伟这类人摆脱道德防线，做出不道德行为的主要原因！所谓合理化是指当个体的动机未能满足或行为不能符合社会规范时，个体就会尽量搜集一些合乎自己内心需要的理由，给自己的行为一个合理的解释，以掩饰自己的过失，让自己好受一些，减轻自己的罪恶感。因此你会发现，很多做了错事儿的人惯用的口头禅就是“我是被逼的”“我是无奈的”“我是有苦衷的”，正如祁同伟的那句——“我没办法的”。

不可否认，大家口中的“苦衷”确实存在，但他们忘了，无论你有再大的苦衷，你永远都是有选择权的。这让我想起了多年前一部很火的韩国励志电视剧——《大长今》，其讲述的是孤女长今如何惨遭迫害，但依然百折不挠，最后成为韩国第一位女御医的故事。

在剧中，长今也同样面临过道德的两难选择：曾帮助过自己的皇后为了保全其地位，威逼利诱长今通过医术让本就患有重病的世子（前皇后之子）悄悄死去。无论从报恩的角度，还是自保的角度，长今都有千万种理由服从皇后的命令。但长今没有这么做，她宁可牺牲自己的性命，也不能利用医术去妄夺他人性命。期间，长今也有过机会向皇上禀明一切，这样一来，她就有了既拒绝皇后命令又同时保命的机会，但长今仍然没有这么做——她不能为了保命，而伤害自己的恩人。

生死面前，长今的选择无疑是给祁同伟们最好的反击！而成为一个能够像长今这样守住底线的人，我们必须时刻谨记：切莫让合理化肆意蔓延，虽然直面自己的不堪有时会痛苦，但面对可以让我们自由。

别轻易试探人性

有一个姑娘，她觉得男朋友和自己的闺密似乎存在暧昧关系。于是，吃醋地试探男友："你是不是喜欢上别人了。"

男朋友诅咒发誓说："没有。"

姑娘不信，继续说："那你为什么总是很关心我闺密的样子？"

男朋友说："因为她是你闺密，而且人也很好，又很可怜，最近失业又失恋，我当然会多问她几句啊！你不是也很关心她吗？"

姑娘说："我们不一样！我关心她是友谊，你关心她是什么？"

男友马上接话，提高分贝强调："当然也是友谊啊！"

姑娘不依不饶："你怎么证明？"

男友说："无须证明，我问心无愧！"

姑娘的闺密是外地人，最近不仅辞职了，还因失恋从前男友家搬出来，正愁没地方住。故此，姑娘心生一计对闺密说："不然，你就住来我家里，省房费。"（姑娘和男友已同居）

于是，闺密就真的来住下了。

我问姑娘："你明知道他们之间有暧昧，为什么还让闺密和他生活在同一个屋檐下？”

姑娘说：“他不是不承认吗？我要试试他对我的真心！”

我说：“你就不怕他们真的在一起吗？”

姑娘愤愤地说：“要爱就当着我的面爱，不要鬼鬼祟祟。”

于是，男朋友在不久后还真的出轨了。他向姑娘坦诚，自己爱上了她的闺密。

于是，姑娘心里就像被千刀万剐了一般，恨死了闺密，也恨死了男友。她觉得自己被背叛了。

虽然同情姑娘的遭遇，也对这位男友的行为不赞同，但不得不说，姑娘明知道男友和闺密之间存在暧昧，却铤而走险，分手是“作”出来的。要知道，很多结果，都是被试探出来的。

这让我想起了一个故事。获得诺贝尔奖的第一位临床医生芬森，晚年时候想寻找一个接班人。他的助手担心他选中的徒弟会因为家境贫寒而容易被金钱诱惑，所以建议通过其他人以高薪聘请的方式，试探他能否把持住自己。

对此建议芬森断然拒绝了，理由是：这种考验，必定会让被考验者在现实与梦想面前做两难选择时，内心无比纠结，而且无论结果怎样，都必定是两败俱伤。

于是哈利顺利成了芬森的接班人，并在若干年后功成名就，后来当他得知此事的时候，顿时老泪纵横。如果当时老师芬森那样做了，他坦言极有可能会被诱惑，甚至会因此而一生都碌碌无为。当然，如果真是这样，世界上也会因此少了一位著名的医学家。

的确，我们都是芸芸众生，我们不是圣人，我们都有七情六欲，但社会规范和社会道德会约束我们的一些欲望。但如果你偏偏要去踩钢丝，试探人的欲望，那么无论结果如何，一定是两败俱伤。

我能理解这个姑娘为何要去试探男友，因为于她而言，即使她怀疑男友，心里存在太多的不安，但她还是更愿意相信男友并不会出轨闺密，她只是希望这一结果得到确认。殊不知，人性经不起试探，你一边给对方制造了出轨的温床，一边又希望对方能够把持住，实则是在走钢丝，一不小心就会玩火自焚。

少一分试探，多一分信任，我们的生活会比现在更好。

我和你好，不是你对我放肆的借口

由于工作不顺遂，朋友总是对我摆着一张苦瓜脸，说起话来，也是夹枪带棒，攻击性特别强。

朋友心情不好，多担待些本是应该的。然而让我失落的是，她只是对我态度不好，和我在一起时意志消沉，而对于其他人态度可好了。

“为什么你跟我在一起总不开心，而和别人却可以这么开心？”一天一起吃饭的时候，我半真半假地打趣着朋友。

“我只会把自己最不开心的一面展示给最亲密的人，我对家里人更是情绪不好。”朋友撇撇嘴，语气中夹带着些许理所当然，半笑半求饶地对我说。

显然，朋友的意思是这种直接的宣泄情感实则是“我不在你面前包装自己”的表现，这是因为我们关系好，是一种友谊的“特殊待遇”。

但我却因为朋友的解释，更加不开心了。是啊，我是你的好朋友，所以我应该包容你。如果我指责你不对，反倒是我显得不近人情了。一个“亲密的人”，顿时成了坏脾气的特赦令。一个“好朋友”的定位，瞬间将我指责你的权利都剥夺了。

会对亲密的人发脾气，实则是人性。背后的逻辑是，亲密的人不会真的远离你，所以发脾气是安全的。毕竟每个人都需要一个情绪的发泄口，所以选择对自己最安全的人进行发泄，也是我们的自我保护和自我修复。如果人没有一个发泄通道，那也太悲哀了。

可是，你把自己情绪肆意宣泄在亲密熟悉的人面前，这样真的好吗？你其实是在透支我们之间的感情啊！终有一天，我会因为害怕这种负面情绪而远离你，也许我并不是讨厌你，只是没有人喜欢活在压抑的环境下——这是人的本性。

从心理学的角度上看，假如一个人总是这样只和最亲密的人发脾气，说明她（他）内心缺乏安全感，不善人际关系，害怕暴露自己，过于隐藏真实面，所以只敢在很小众的圈子里发发牢骚。

这种安全感匮乏的人格特征，往往在朋友之间表现还算克制，如果到了亲密关系中，他们常常还会表现出强烈的控制欲。

比如，他们会要求伴侣绝对的“忠贞”，他们打着“爱是排他的，具有唯一性”的名义，绑架伴侣的正常社交——你只能对我有兴趣，你要把其他异性统统拒绝在外，伴侣作息稍微失控，他们便开始猜忌与怀疑，他们往往对爱情能否持续不乐观——结果，在他们的控制下，爱情往往真的会走向终点。此外，他们甚至可能发展出施虐的倾向，通过施虐进行控制，因为在他们心中，“打是亲，骂是爱”“痛与快乐同在”。

遗憾的是，这种“爱与痛同在”“亲密才放肆”的扭曲价值观却在很多公开影视作品中进行了价值渲染。打开电视，各种各样的爱情偶像剧，无疑都在极度褒扬“我愿为你而死”“我会以死证明对你的爱”，好像一涉及生死层面，这爱情才算惊心动魄，才足够浪漫，仿佛只有张口闭口都是死，才足以证明爱的真心。以“虐”成为亮点的故事，吸引了大量观众，也淘了不少金子，只不过这样的价值观，不知道对我们的社会具有如何的普世价值。

第七章

这个世界，没那么简单

以为自己没有偏见，恰恰是我们最大的偏见。

换位思考，怎么就成了以己度人

很长一段时间，我都自恃非常具有“同理心”，认为自己特别会换位思考，是个通情达理的人。

直到有一天，一件事发生在了我的身上。

我承认，那个时候，我真的失控了。

事情的导火线是某女大学生疑被记者成某诱奸的新闻。最初看到女生同学的爆料帖后，我很快写了一篇文章，大致内容是质疑爆料的真实性，并列出了几点我对文章中关于事件描述的质疑。

后来，骂声铺天盖地而来。坦白说，刚开始我真的觉得自己好委屈。我只不过是写下了自己对事件的一些直观感受，为什么要被攻击。

再后来，我认真地反思了自己，我觉得自己的言辞确实过激。于是，我修改了文章中一些措辞，但依然没有认为自己怀疑的内容有问题，只是觉得自己在敏感时期说了不正确的话，在风口上火上浇油，结果引火烧身。我甚至在想，那些攻击我的网友，为什么只愿意去盲目同情看上去的弱者，而不愿意理性分析。

这种情绪持续了很久，直到后来看到一个人的一句话：就算这件事情出现了你所谓的反转，但你的那篇分析依然很“邪恶”。

的确，没有任何证据的推测写下来只有两种结果：第一种，我对了，证明我很机灵；第二种，我错了，给这个本来就受害了的姑娘，造成二次伤害。而我选择写下这些评论，无疑是在将证明自己很机灵的重要性等同于女孩被恶意中伤的重要性，而这两者显然不该被等同。所以，无论我的言论是否正确，我的这篇“猜测评论”的确很邪恶。

不过，对于当时写下这篇文章时的我来说，之所以会写这篇文章，其实是认为我的猜测离事实真相八九不离十。换句话说，如果我当时认为自己推论正确的概率仅有70%~80%，我都不会去写这样的文章的。

为什么我自恃自己的想法正确呢？因为身边确实见过很多这样的女孩，她们很爱“走钢丝”。然而，我却忘记了，我以为的经验并非真的是事实。我更忘记了，这个世界很大，我看到的、我接触到的并不等同于这个世界的全貌。我一直以来引以为豪的“换位思考”瞬间变得不好使了。

为什么好好的换位思考、将心比心，就变成了以己度人的诛心论呢？

因为我们的大脑有个机制，叫作“总以为别人和我们想的是一样的”，这种现象叫作“虚假同感偏差”。斯坦福大学心理学家李·罗斯做过一个实验：制作一块牌子，写上颜色鲜艳的标语，然后询问大学生是否愿意在校园里举着牌子走一圈儿，并估计其他同学愿意接受这项工作的数量。结果那些愿意去做这件事的学生都认为，其他同学也都会同意。而那些婉言谢绝的学生们则认为，其他同学也一定不愿做——两种人都觉得自己对他人的判断是对的，而且非常自信。

我们总是倾向于高估别人跟自己的一致性。这种“过于自信”的毛病，在生活中随处可见。

既然是一种不合理的思维习惯，为何没有在进化中被淘汰呢？因为这套思维习惯在过去还是挺好用的——以前，我们的社交圈子很小，所以我们的经验与他人的经验相似度很高，通过这种“换位思考”，是可以对别人做到了解的。然而，现在我们社会结构的复杂度与社会协作的复杂度远远超过了以往任何时候。在这种全球化的大势中，我们这套“了解他人”的办法自然就不好使了。

评论被攻击一事，也让我愈发明白，在这个多元的世界，切勿抱着“以自己的经历就可以推测他人”的想法，因为我们狭隘的经历并不好用。

多说些事实，少说些评论，是避免我们做出令自己后悔行为的第一步。

人们只相信自己相信的东西

有的时候，我会因为一则新闻和男朋友争论不休，我们互不退让。我们都觉得对方是错的，而自己是对的。我们都认为对方存在偏见，而自己没有偏见——而这恰恰就是我们最大的偏见。

这让我想到了一部电影——《圣女贞德》。它是改编自一个真实的故事，讲的是英法百年战争期间，法国少女贞德自称看见神迹，并率领法军大败英军的故事。不过战争结束后，贞德被英军俘虏，被执行火刑，而其被执行酷刑的理由是，英军认为贞德看到的并不是上帝的旨意，而是恶魔的化身。

那么，贞德看到的到底是不是神迹呢？这个问题到今天都是一个未解之谜。相信贞德的人们认为，如果贞德没有得到神的旨意，一个法国的乡村少女怎么会懂得作战，又怎么能大败英军？不信贞德的人们则认为，上帝怎么会指派她大肆杀戮呢？上帝不应该是热爱和平的吗？也有无神论者说，贞德其实就是一个精神分裂症患者，她自称看到的情况只是她的幻觉，至于她为何能够打败英军，有可能正是因为她没有作战的经历，所以非常规化出牌，打得英军措手不及。

当然，我并非要讨论贞德到底有没有看见神迹，而是想说：当双方观点不一致的时候，我们该如何确定，为什么大家都对自己的持方坚信不疑呢？

“人们只相信自己相信的”，影片中神父的一句话，大概就是最好的答案。就如同我和男朋友起的争执一样。我们的价值观不一样，我们的经验不一样，我们看到的世界不一样，我们所相信的东西也不一样。而人就是这样奇怪的动物。我们可以因为很多事情进入不同阵营，而且一旦选了边，就会为自己的阵营而战。

心理学上把这个现象叫作“确认偏误”，即人们会倾向于寻找能支持自己观点的证据，对支持自己观点的信息更加关注，或者把已有的信息往能支持自己观点的方向解释。

要命的是，这个世界上任何一件事，只要你想找出证据，对于善于“归因”的人类来说，实在不是一件难事。尤其是在这个大数据的时代，借助计算机我们能够更快捷地发现这样的证据。

只是这个证据是客观上的证据，还是我们主观上期待的证据呢？举个例子，我们都知道素数和奇数，如果你想证明素数就是奇数，你当然可以举例，3、5、7、9、11……都是奇数，所以素数是奇数——可是你怎么不说2也是素数，但是2却是偶数呢？当我们可以回避一些事实，而只看到支持自己论点的证据时，就是我们偏见产生的时候。

错，可能就会错到底

还是贞德的故事。有人也许会问：那么，如果有人纠正贞德错了，给她摆事实讲道理，能不能说服她呢？

答案是，可能不会。这里涉及一个概念，叫认知失调。

认知失调是由社会心理学家利昂·费斯廷格在1956年首次于其著作《当预言失灵》中提出的。《当预言失灵》中描述了这样一个故事：某地一个邪教组织向其信徒们宣布了上帝的旨意，在1955年12月25日，一场洪水将会摧毁世界，而外星人会驾着飞碟来解救他们，把他们带到安全的地方。结果，到了他们预言的末日，世界依然存在着。按理说，人们就应该识破这个邪教组织吧。然而，这个邪教组织开了个新闻发布会说：不是我们的预言不准确，而是我们通过集体的祷告帮助我们这个世界躲避了灾难。你还别说，这个事情出来之后，非但退教的人不多，还有更多的人加入了这个所谓的末日教派。

为什么失灵的预言不但没有让入会的人数减少，反而让更多的人加入了呢？这就是认知失调。认知失调指的是，当个体面对新情境必须表示自身的态度时，个体在心理上将出现新认知（新的理解）与旧认知（旧的信念）相互冲突的状况，为了消除此种因为不一致而带来紧张的不适感，个体在心理上倾向于采用两种方式进行自我调适：其一为对于新认知予以否认；另一为寻求更多新认知的讯息，提升新认知的可信度，借以彻底取代旧认知，从而获得心理平衡。费斯汀格认为当领导者的预言失败后，预期落空使信徒们产生了认知失调——“我为某种信念付出了巨大的努力”和“这种信念是不真实的”发生了矛盾。因为先前的行动已经无法收回，为了缓解这种失调感，信徒们只好为自己的信念辩解，接受新的预言——上帝被感动而改变了计划。

这也就是我们的偏见产生后难以改变的原因。

别以为认知失调离我们很远，事实上它在我们生活中常常出现，很多人利用我们的认知失调，引导我们的态度：比如你花高价买了一件衣服，也许这件衣服并没有多好，但正因为你为它花了高价，你就越觉得这件衣服好；比如一些企业为了增加员工对企业的认同感，他们会将面试难度提得特别高，因为员工为考核付出的努力越多，他们就会越觉得这项工作来之不易，这是一份好工作……

知道这一点，对于警惕别人给我们下套，非常重要。

我们的自信错觉

让我们坚信自己的持方的另一个重要原因就是我们的自信错觉。

大量的认知心理学的文献认为，人是过度自信的，尤其对其自身知识的准确性过度自信。人们系统性地低估某类信息并高估其他信息。

有一个这样的心理学实验，试验者邀请参赛棋手填写一张调查问卷，上面只有“你的评级分数是多少”与“你是否认为你的评级得分代表了你真实的棋艺水平”。第一个问题，几乎所有棋手都没有异议，不过对于第二个问题，结果却出人意料：75%的人认为自己的水平被低估了。无独有偶，心理学家还发现，如果让男性给自己的运动能力排名，100%的男性会认为自己排在前50%——这显然是不可能发生的。

为什么人们会表现得过于自信？这其实是一种归因错误，即好事发生在别人身上多半是外部原因，如运气；而好事发生在自己身上则是内部原因，如自己能力强。

基于这种错觉，人们普遍认为自己会比别人拥有更美好的未来。这也就解释了为什么很多人明明知道彩票中奖概率低，却也要坚持买彩票。当然有些人会说，这些买彩票的人是因为他们受教育程度不高，所以总会抱着天上掉馅饼的赌徒心态去碰运气。不可否认，规避过度自信和受教育程度有关，但这种相关度远不足以让这些高知分子不受其扰。

事实上，过度自信不仅是心理学领域的发现，同样是金融学的四大研究成果，公司高管的过度自信导致公司出现战略失误的例子比比皆是，不信请自行百度“高溢价收购”“业绩承诺不达标”等关键词。很多人不明白，为什么会有那么多上市公司的高管在看到收购成功记录不多的时候，仍然对于他们的收购行为表现得很乐观，有阴谋论者甚至表示其中一定有“不明利益输送”。

有没有猫腻，我不知道，但我明白过度自信却是常常会发生的。当然值得说明的是，虽然过度自信会导致人们决策失误，但也正是对获胜机会的乐观态度，让人们勇于尝试，而不是在那儿幻想。

天生爱消极的我们

虽然我们对自己的决策容易过度自信，但对于外界事物的认识，我们却往往选择消极关注。不信，你试着回忆一下，过去一周你都关注过哪些新闻。我相信，你能回忆起来的绝大多数都是负面性质的。

从进化的角度来看，消极关注是有生存价值的。因为只有对可能发生的灾害提高警惕，我们才能及时做出逃跑或者反击的反应——这有利于我们生存下来。因此，为了生存我们习惯于消极关注。反正坏事如果是假的，对我们来说也没什么损失，但如果它是真的，我们又没有关注到，那才是巨大的损失！换句话说，消极关注是一种自我防卫的求生本能。

虽然消极关注为我们的求生带来价值，但在今天这样一个并不是处处需要提防生命威胁的社会，消极关注带来的正面效果远不如它带来的负面效果。毕竟放大威胁，会让我们保守而不敢冒险，而任何创新都源于冒险。

消极关注不仅影响自己的选择，同样也在某种程度上束缚了他人的发展。新闻业就是这样。由于受众更关注负面新闻，作为信息的供给方，很多媒体便将自己的重心放在挖掘、报道负面消息上，有时甚至没有坏消息，也要弄出一些坏消息，比如“××或存问题”“××情况待考”——新闻老手们在这类尚未证实的消息上，加上一些模糊性词语，完美地规避了风险。

一些商业财经新闻尤爱如此操作。拿转型这件事举例，一家企业无论转型或者不转型，媒体都可以说出问题——说转型的企业是盲目乐观，说不转型的企业是墨守成规。的确，无论转型与否，都能从分析预测的角度看到利弊两面。但为了迎合受众爱看坏消息的心态，有些以“批评报道”“监督报道”为导向的媒体就只说弊端，或者放大弊端。

可是，你这样轻轻松松地分析一通没关系，却给企业带来了巨大的负面效应，人们会想：“呀，这家企业肯定有问题，不然记者为什么会报道？”哪怕日后问题被澄清，基于人们对负面消息记忆更深刻的原因，人们对这家企业的印象依然会是“问题企业”。而企业的名字多和负面消息关联几次，一家好好的企业可能就因此被击垮。再往深处想，多几家因此倒霉的企业，中国的经济又如何发展？

不仅是在新闻业，在日常生活中，我们对他人也常常会出现消极关注的情况：一个人迟到了，就说这个人人品不行；一个人比较胖，就说这个人好吃懒做；一个人数学不及格，就说这个人不适合学理科……

然而，这些带有强烈主观色彩的消极标签对人的伤害总是巨大的。不仅会使当事人感到挫败，甚至自卑，还会给当事人的发展设限，比如一个原本可以在数学领域做出卓越贡献的孩子可能正因为老师的一句“你理科不行”，而放弃了这方面的学习研究。

多一些鼓励，少一些批评，总是好的。

我们的记忆不靠谱

小的时候，经常因为找不到东西而和妈妈发生矛盾。因为她特别爱收拾我的桌子，又特别爱扔东西，所以我有东西找不着了就本能地以为又是被她扔掉了。

然而，面对我的责问，妈妈却总是一句："我没拿啊！"

我说："我明明就放在这里，你没拿，那会到哪儿去了？"

接着，她就开始诅咒发誓，说自己一定没动。

那个时候，我特别生气，因为我觉得她就是在说谎。

现在想来，她可能还真不一定是在说谎，只是她的记忆错乱了，或者我的记忆错乱了。

人们记忆信息的过程可以分为编码、巩固、提取三个阶段。这三个阶段每一个阶段都可能造成我们记忆的错乱。

首先说编码阶段。编码阶段指的是收集信息的过程。在这一阶段，我们会将通过不同渠道（听觉、嗅觉等）感知到的信息进行收集与处理，形成短期记忆。我们无法将自己没有感知到的信息变成记忆。

有一个著名的大猩猩实验。不到一分钟的影片中，有两个队的运动员，其中一队穿着白色运动服，另一队穿着黑色运动服，所有运动员都在不断地移动并且相互传球。实验志愿者需要计算身着白色球衣的队员的传球次数。在影片中，除了穿白色与黑色球衣的运动员外，还安排了一个把自己伪装成大猩猩的人，这个人在屏幕上出现的时间不超过9秒钟。事后，让志愿者回忆是否见到过这个大猩猩，结果大约有一半被试者表示没有看见。

人们通常认为，应该可以看见在自己面前的一切。但这个实验告诉人们，事物映入眼帘不能保证就能看见它们。预料之外的事物，无论它的特点多么鲜明，还是容易被人们忽略而视而不见。

事实上，我们的认知资源极度有限，大脑只能处理来自视觉世界的一小部分信息。一般情况下，我们的短时注意只能集中在5~9个项目上。正因如此，我们倾向于将注意力分配在那些预料之中的事情上，而那些预料之外的事情，常常就会被我们忽略。因此，我们常常是视而不见，听而不闻。

接着是巩固阶段。巩固阶段指的是将记忆稳定储存的过程。在这一阶段，部分短期记忆会被保留下来，成为更长期、稳固的记忆；而部分短期记忆则会被遗忘。在这个过程当中，信息变得更加简单，不重要的细节完全被忽略，突出和强调那些重要的细节，因此真正能被我们记录下来的真实信息是非常少的。

最后到了提取阶段。提取阶段指的是“人们将储存的记忆取出，来回应外界刺激”的过程。由于在巩固阶段部分短时记忆被我们遗忘了，当我们回忆时，我们会利用概括、归类等方式来重构信息，用自认为合理的方式，重新组合细节信息，使故事变得更加合理，符合背景和常识，形成一段记忆叙事。

我们重构信息时，通常会受到哪些因素的影响呢？比较常见的有言语信息的诱导、人们的主观情绪等。

心理学上有个著名的质疑目击者的实验，说的就是信息出现次数对人们记忆产生的影响。心理学家劳夫塔斯给150个志愿者看了一段车祸的录像。接着，让他们回答10个问题。其中，一半的学生要回答那辆白色跑车在乡间公路上开的时速有多快；另一半学生要回答，那辆白色的跑车在乡间道路上开过谷仓的时速有多快。一个星期后，劳夫塔斯重新对这些志愿者提问。其中，一个问题是：你有没有看见一个谷仓。在第一轮实验中回答第一个问题的学生说看见这个谷仓的概率为2.7%；而在第一轮实验中回答第二个问题的学生，说看见这个谷仓的概率却高达17.3%。但事实上，那个谷仓根本不存在。

为什么第二组学生记忆出错的概率会比第一组学生高这么多？因为人们倾向于将自己熟悉的信息当作是发生的事实——在第一轮实验中，第二组学生接触到了“谷仓”这个概念，谷仓对于他们来说更为熟悉。

知名作家尼尔·唐纳德·沃尔什就曾因此深陷舆论旋涡。他曾听到一则有趣的故事就记录了下来，在接下来的几年中不断向人讲起这个故事，最后他真的以为这个故事就是发生在他身上。直到他将这个故事写进书中，才被指责抄袭了钱德的博客，这时他才意识到这个不是他的记忆。事实上，这也解释了为什么有如此多的抄袭现象，但抄袭者本人却都以为这是自己的经历。

人们的情绪也会对我们的记忆产生影响。在一个实验中，被试者需要看两种图片，一种是很中性的，例如田园风光这样的图片，另一种是能够唤起被试者情绪反应的，例如一支正对着被试者的枪。在被试者看到图片后，会被问及哪些图片是他们似曾相识的，结果那些容易唤起人类情绪反应的图片，能够唤起被试者更多的记忆，这就说明，带有强烈情绪色彩参与的记忆信息会被人们更生动、更容易地记住。但这并不意味着信息的准确度也会越高。美国的心理学家丹做过这样一个实验。丹在写下9·11事件的回忆后，希望学生也能写下关于那天的回忆，以便对比。对于美国人民而言，9·11事件是非常重大的事件，丹和学生们对那天发生的事情都记忆深刻，而且他们都对自己的记忆内容表现得十分自信，但他们的记忆却存在相互矛盾的地方。这个实验就表明，记忆清晰并不等于准确。

同时，心理学家发现想象能力也会影响我们的记忆。这在心理学中叫作想象膨胀，也就是说，想多了的事情容易被人们当作发生过的事情。这是因为人们依靠记忆中细节的多少，来判断一件事是否发生过：关于一件事，如果我们记住的细节越多，那么我们越倾向于认为这件事发生过。这是因为区分实际经历和想象的线索，由于某些原因丢失或混淆的时候，人们倾向于将记忆中流畅的事件当作经历过的事件，因此难免就会把一些想象过的事当作经历过的事情。比如，你是不是经常觉得自己带了钥匙出门，然而等到要开门的时候，却发现自己没有带钥匙呢？这很有可能就是因为你反复提醒自己要记得带钥匙，由于“带钥匙”在脑袋中反复被提及，而想多了的事，有的时候就会被当成已经发生的事。而这也正是我坚信妈妈一定动了我的书桌的原因——也许是我在放这样东西之前，想过很多次要放在这里，所以把我将东西放在书桌上这个情景当成事实记忆。

这样看起来，我们记忆的可靠性和准确性其实都不太高。那么，有什么办法可以提高我们的记忆效果吗？

根据记忆的编码和提取机制，我们首先可以在编码环节进行精细化加工，如在记忆数字和无规律的字母时，可以尝试给它们写故事；其次，在提取时，也可以回到编码场景进行回忆，心理学家发现，当信息提取的背景和编码的背景完全相同时，记忆回忆起来会容易得多；另外，由于记忆具有顺序性，在记忆材料时，我们往往更容易记住开头和末尾的内容而忽略中间的内容，因此我们可以刻意规避这个效应，在记忆时不仅从开头识记，也试着从中间开始记忆……

当然，除了利用更有效的记忆策略来提高自己的记忆效果，更值得强调的是，我们需要意识到自己的记忆并不靠谱，对自己的记忆内容保持更开放的态度，在和别人发生争执的时候，不要总说那句“我明明记得……”

避无可避的偏见

无论是前面所说的以己度人、过度自信，还是消极关注，其实都是我们生活中存在的偏见。

偏见，顾名思义，就是一种并不客观的看法。偏见，并非是无中生有，只是选择将事物中的某一特征，进行放大。

我们的祖先利用偏见思考的高效性，更快地做出了应对潜在威胁的反应，更好地存活了下来。现在整个社会的结构和协作程度都越来越复杂，我们要应对的危险也不再是原始社会中的生存危机。这种简单经济的思考模式，这种对于威胁警惕的思考模式，显然已经不适应我们当下这个社会了。

那么，该如何避免偏见呢？

我们先来看看我们的认知形成过程。这里有张认知模式的结构图（选自孙晔、李忻主编的《社会心理学》）：

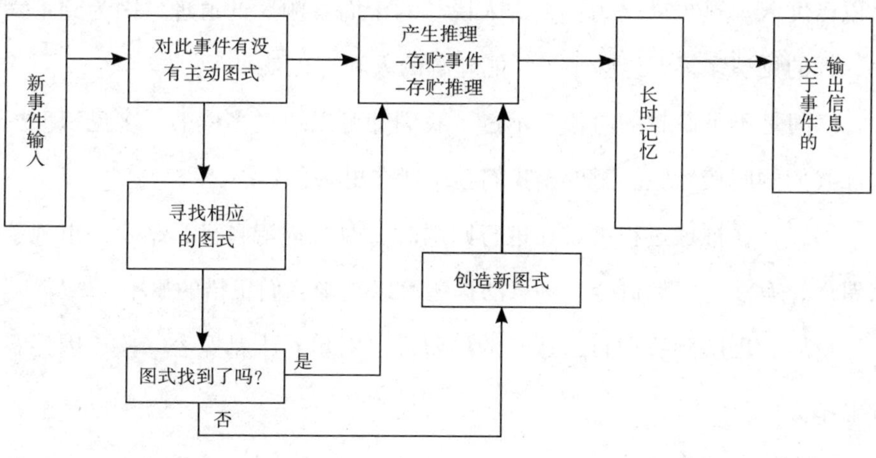

图中有个非常重要的概念，也就是图式。图式的概念是由泰勒及克洛克提出来的，它是指一套有组织、有结构的认知现象，它包括对所认知物体的知识，有关该物体各种认知之间的关系及一些特殊的事例。比如人们对20世纪60年代产生于美国嬉皮士的图式就是：他们是白人大学生、穿牛仔裤、留着各式各样的发式等。

图式由我们过往的经验形成。当我们接触到新的社会情境时，一般会按照以往的经验，将情境中的人和事进行归类，这个过程也就是这个社会认知过程的“寻找图式”。

偏见之所以形成，就是在“寻找图式”和“推理过程”当中产生的问题。具体来说，如果我们的图式特别少，我们就很难对别人形成理解。如果我们的推理过程有所局限，比如说我们站的角度不同、我们有自我价值保护的倾向，我们也将产生偏见。

根据认知过程给我们的提示，想要避免偏见，必然要在图式和推理过程中下功夫。

第一，增加自己的经验。人都是经验主义者，经验决定你对世界的看法。丰富的经验会让你视野更宽，人就可以做到宽容、接纳和理解，也就是真正的换位思考，有同理心。相反，经验若是少了，视野就会很狭隘，就容易以己度人。这也就是为什么古人说“六十而耳顺”的道理，因为到了六十岁，人的见识多了，经验多了，能理解的人和事也就多了。

时间是不可逾越的阶段。不过，我们却可以通过多读书、多见识世界，增加我们的间接经验。至少，我们会比现在更有包容心。

第二，在推理过程中，在进行归因时，时刻提醒自己，是不是出现了逻辑错误，有没有以偏概全。刻意的提醒可以减少我们犯错的概率。

最后，理解到我们自己认知的局限性，对事对人都宽容一些，因为我们并非圣人。

为直觉正名

由于我们的认知有直觉的偏好，因此我们会有很多非理性的偏见。为了避免这种偏见带给我们错误的引导，如今越来越多的人开始重视反直觉思考以及批判性思维。

然而，并不是所有时刻，我们都需要保持理性。不知道你有没有这样的体验，自己短时间内做出的文章反而比长时间写出的文章更受人欢迎。我是有过这样的经验的。在做记者的时候，往往我花了很长时间做调查的新闻还不及一个晚上采访出来的稿件影响力大。事实上不仅是我，有很多做深度报道的记者都有过这样的困扰——总觉得自己辛辛苦苦、仔细雕琢写出的文章没人看，反倒是一些自媒体拼拼凑凑的东西有人读。

为什么会出现这样的情况？结合我自己的事例来看就是，时间越充裕，就越想采访到更多信息，在写文章的时候，也总想尽可能展示更多内容。在这种过分求全的心态下，就容易出现信息过度、修改过度的情况，即过分强调细节，而主旨不突出。这样的文章，读者看起来就会觉得稀里糊涂，不知所云。换句话说，当信息足够多的时候，反而不利于记者把握并表达问题的实质。

事实上，我们在日常生活中也常常会因为信息过度而导致决策失误。人的认知是有限的，在信息过度的环境下，如果继续采用逻辑思考，我们常常就容易顾此失彼。

那么，这个时候我们应该怎么办呢？听直觉的！

心理学家发现，我们知道的远远多于我们意识到的。我们每时每刻都在大量汲取对外界的感知，但是只有其中一小部分能被我们意识到，更多的部分被纳入了我们的潜意识中。因此，有些东西我们明明知道，但我们却没有意识到我们已经知道——这就是直觉。

有关盲视的例子就说明了这个现象。当人们由于手术或中风失去一部分视皮层时，他们的某一部分视神经可能会功能性地失明。当在他们失明的区域内呈现一系列的细棒时，他们会报告说什么也没有看到。而当要他们猜测刚才的细棒是水平呈现还是竖直呈现的时候，他们猜测得完全正确，当得知这一结果后他们本人也大吃一惊。

事实上，我们的思维加工只有一部分是受控制的，还有很大一部分是依靠无意识自动化加工。因此，我们在一瞥之间做出的决定（由于有大量无意识的自动加工）有时胜于长达数月的理性研究。

当然，值得注意的是，我们直觉的形成其实也离不开我们过往的经历，因此在生活中“读万卷书，行万里路”，总是没错的！

第八章

和世界和解，和自己和解

忍得我快疯了，我还要继续忍吗?

小确幸和大欢喜

我的文章被一家媒体转载了，那家媒体的编辑找到我，说将会付给我一笔稿费。

坦白说，意外收到稿费的那一刻，我心里是有些得意的。于是，我跑到男朋友面前，嘚瑟地把消息告知给了他。

但我并没有得到期待的赞美。他似乎毫不关心我收到了稿费，也毫不关心我的文章得到了别人的认可。我当时心里失望透了，想起他似乎从未真正夸奖过我，于是我在心里笃定他就是不欣赏我，有些责怪地对他说："你为什么总是不愿意鼓励我？为什么我有成就，你也不愿意为我感到开心？"

他脸上露出一股诡异的笑容，欲言又止。

我立刻会意："你的意思是我这根本算不上成就？"

然后，他有些不好意思地说："我们评价成就的标准不一样。比如，我就不会因为别人转载了我的文章而希望你来表扬我。况且我觉得你的文章被别人转载是很正常的事情，这其实是认可你能力的体现！"

的确，快乐分两种：小确幸和大欢喜。有人只认为大欢喜值得开心，而有人却愿意为了小确幸兴奋。我曾经就是一个只会追求大欢喜的人。然而，我发现这样的我，其实始终不快乐。

刚上初中的时候，成绩下滑得很厉害，那个时候老师总在同学面前批评我，而同学也有意无意地模仿老师批评我。我当时自卑极了，非常不快乐，并暗暗下定决心：一定要考出好成绩。而我也以为，只要我能够考出好成绩，我就可以获得快乐。

接下来的很长一段时间，我都相当刻苦。功夫不负有心人，到了高中，我真的成了班上的第一了。然而，当我取得这份成绩的时候，我期待的快乐并没有到来。或许我是有过开心的，但这种快乐十分短暂，其强度也远不如我期待的那般。相反接下来的日子，我活得很压抑，也很焦虑，我时刻担心下一次考试考不好怎么办。

后来我才意识到，人有时候感到不快乐，其实就是对幸福感知力的丧失。幸福的反面从来不是不幸，而是麻木。他对幸福已经麻木了，所以他对本来应该快乐的事情，也不会再感到快乐。他的快乐需要更大的刺激才能触动。我甚至会觉得，追求大欢喜的人可能永远都得不到快乐。

快乐其实是一种能力，一种感知幸福的能力。有人拥有地位，拥有才貌，拥有金钱，但他抑郁了，比如，张国荣；有人一无所有，但却还能成天嘻嘻哈哈，比如，小时候的你。

你会发现孩子是很容易满足的。过年也是快乐，放假也是快乐。哪怕没有过年，没有放假，只是知道马上就要放假（这个“马上”可能是一个月，甚至两个月），他都能非常快乐。还没有放假呢，他在快乐什么呢？他兴奋的不过是自己的一种感觉、一种想法罢了。孩子就善于让自己活在快乐的状态当中。

相反，你会发现有一些天天喊着期待五一长假、十一长假的成年人，真正到了假期，他们过得也并不快乐。因为刚放假，他们就算着还有几天就要上班。于是，上班也不快乐，放假也不快乐，他所有的时间都是在焦虑。

同样，你会发现一些年轻人常常抱怨工资低，觉得付出和回报不成正比，所以就采取消极怠工，当一天和尚撞一天钟，不好好工作。然而，这样的后果就是，他既没有得到钱，也没有得到自我提升。相反，有一些年轻人虽然看似干着暗无天日的打杂工作，但他依然每天打了鸡血一般，因为他知道，他的付出虽然没有可见的物质回报，但他的能力其实是得到了锻炼的，当他有一天真的攒够了能力，相应的高薪将不请自来。

活在当下，为小确幸而快乐，你会发现你的生活充满幸福。

达成所愿，一定会开心吗

《摔跤吧，爸爸》是2017年一部叫好又叫座的印度电影。它讲的是，一位摔跤运动员爸爸在放弃了职业生涯后，训练两个女儿成为摔跤冠军的故事。片是好片，剧情节奏也把握得很好，演员表情也很到位，从这个角度来看，是一部良心之作，有一定的宣传价值——让千千万万的女性看到女性并不是只能相夫教子。但中国和印度的国情不同，我们国家当前的主要矛盾不是女性价值的发现，而是太多人为了奋斗而奋斗，大家奋斗得并不快乐，甚至压抑。比如，我常常看到很多年轻人吐槽"等到有一天赚了一百万，我就辞职去环球旅行"，可见，即便这份职业曾经真的是他们所热爱的，但此刻被工作压得喘不过气的他们，"不工作"才是真正的快乐。

是什么让我们过得如此不快乐呢？就是太强调结果的奋斗！我们总以为"一旦目标实现，就会开心快乐"。于是，我们索性为了追求那个终极目标，而牺牲了眼前的快乐。

然而，这些为目标而隐忍奋斗的人，有一天真的实现了终极目标，他们会快乐吗？

请看一个真实的故事，主人公叫泰勒。为了拿到以色列全国壁球赛的冠军，泰勒经历了长达五年的艰苦训练。在这五年里，他始终相信胜利会给自己带来充实感，而这种充实感才能让他获得幸福。在16岁那年，泰勒如愿以偿获得了冠军。为了犒劳为比赛而极度节制饮食的自己，壁球赛一结束，泰勒第一件事便是走进最爱的汉堡店，一口气买了四个汉堡。然而，当他将汉堡放在嘴边时，他居然不想吃了。当天晚上，泰勒回到床上，试着回味那份获得冠军的无限快乐时，忽然发现胜利的感觉和梦想成真的喜悦，统统消失得无影无踪，他甚至流下了伤心的眼泪——原先所依赖的生活逻辑被彻底打破，未来的人生变得空虚而迷茫。

这就是以终点为目标而奋斗的结果。且不说那些奋斗了还没实现目标的人会有多挫败，哪怕是达成了目标，所获得的快乐恐怕也只在一瞬间，因为这种快乐来自压力和焦虑的消除，而非内心的充实感，因此快乐过后，更大的空虚和迷茫会接踵而至。换句话说，以牺牲当下的幸福来换取达成目标的奋斗方式，不是让我们陷入失败的挫败感中，就是让我们在获得成功的同时陷入迷茫和空虚。

真正的奋斗不该是以"苦"作为代价的，奋斗应该是"甜"的——享受当下的幸福，并朝着自己的目标前进。而当你以乐在其中的姿态奋斗时，你也往往会干得更出色。

当然，为了成功而工作始终是带有功利色彩的。当下的时代，太多人想成为英雄，太少人甘于普通，而普通人一定是绝大多数，这却是一个不争的事实。因此，如何以普通人的身份活出自己的价值感和幸福感，恐怕更值得我们好好思考。

实际上，相关研究已经发现，名利等外界因素确实会在一定程度影响人的幸福感，但其发挥的效率仅有10%。换句话说，无论我们的人生境遇是遭遇挫折事件还是积极事件，它只负责我们10%的幸福，而剩下的90%取决于我们幸福基准点以及我们主观有意的活动。因此，调整我们对待幸福的看法，更有利于我们获得幸福。

至于，《摔跤吧，爸爸》的两位金牌冠军，我希望她们能够过得好。

焦虑时代，退又何妨

我很早就被罗振宇圈粉了，从他办网络脱口秀节目《罗辑思维》开始。

即便日后很多人说他“铜臭味”太重、商业气氛太浓，我还是力挺罗振宇，我对那些抨击罗振宇的人说：人家是光明正大承认自己做生意，你不乐意，可以不消费啊！

冒着被朋友鄙视的风险力挺罗胖，是因为我感谢他，因为《罗辑思维》增加了我的视野，拓展了我思考问题的方式。即便里面很多价值观我并不认同，但他能够自圆其说的思维方式，还是非常值得我学习的。

罗胖今年停止了在优酷上更新《罗辑思维》视频节目，而将其内容转至了其倾力打造的APP“得到”上面，“得到”主要以音频内容为主。按照罗胖的说法，这是一个全民“知识焦虑”的时代，大家都太渴望获得知识，然而获取知识的时间成本太高，于是他去粗取精，将其做成各种各样的知识产品，从免费为大家服务的每天5篇知识新闻到各种各样的专栏。罗胖也将自己每周一小时陪大家读书，变成了每天陪大家读书，从一人陪大家读书，变成了N个大咖陪大家读书。

因《罗辑思维》我加了几个罗友群，罗友从罗胖的粉丝，变成薛兆丰、万维钢、李笑来等很多人的粉丝……大家把自己订阅的专栏分享在群里，因可分享人数有限，大家焦虑地抢着点击这些分享链接。基于其内容的火热程度，不少人干脆做起了二道贩子，将这些音频拷贝出来，再打包贩卖，他们说这叫众筹。

我最初也订阅了几个专栏，也觉得老师们讲得都很好，可是受益匪浅之余，我却变得越来越焦虑了——我总想学更多，我总觉得其他专栏我也该订阅。但考虑到订阅要花钱，自己也不见得可以都看完，于是我也开始抢人家分享的链接，买二道贩子的音频。

好啦，我手头终于集齐了所有专栏。但我却发现，我根本没有办法看完。实在是太多了！我不知道，这些同样订阅了专栏，或者购买了盗版音频的罗友们，是否能够听完这些素材，又是否会有同样的焦虑。反正我从起初每期《罗辑思维》必须反复听个四五遍，变成了他每天更新的免费音频已经半年没来得及听了——潜意识里总觉得，应该先把付费的部分给听完。

正如罗振宇所说——这是个知识焦虑的时代，但我觉得罗胖已经不是在为大家解决焦虑，而是在营造更多的焦虑。我们似乎是染上了一种叫“上进”的瘾，赶集一般地着急着学完一样，好开始下一样，却不能全身心投入——毕竟投入身心是花费精力的，而人的精力是有限的。然而，学习又是需要反复琢磨、反复领悟的，这才叫学习；走马观花、囫囵吞枣地涉猎，除了浅薄的摄入，徒增的就只有焦虑的情绪了。就如同喝一碗鸡汤，吸收的只有浮在汤上的油脂，里面真正营养的部分都被排出体外，而我们的精力也在焦虑中消耗殆尽。

不可否认，会焦虑的人其实都是有上进之心的人，只是过分焦虑完全不利于学习，而不断强调进步才是人生唯一做人的标准，同样还会让我们忘记什么叫作知足，也忘记了人生还有生活。

别的行业我不清楚，但媒体行业是真的辛苦。我做了多年记者，纸媒、电台、电视台都干过，没有规律的生活、黑白颠倒的工作都是常态。其中最辛苦的我以为还是电视台。我认识一个年轻的制片人，他工作非常出色，体重也非常“出色”——我以为是过劳肥，他曾经一周都没怎么合过眼，就为了一期片子，就为了收视率能够再进一位。

正如著名词作家林夕所说：一般所谓进步，无非职位、薪水、手艺，可是你一生路线图是进步，心理健康却暗里正在退步。人望高处，望已经够痛苦，到了高处就舍不得不再往高处望。退步，又何妨。

是啊，焦虑时代，退又何妨?

对伤害你的人不必言谢

鸡汤文总是会有这样的中心思想：谢谢那个伤害你的人，因为他的伤害，让你变得更加强大。

但我想说，我做不到去感谢伤害我的人，同时我也认为，伤害我的人不值得我感谢。因为那些伤害我的人，他们的初衷不是奔着让我更强大来的，相反他是为了让我更加挫败，才来伤害我的。而我之所以变得强大，是因为我没有被他打败。

而那些能写出“感谢伤害自己的人”的作者，他们要么就是已经在伤害中活了下来，要么就是没有真正被伤害过。要知道，多半的伤害对我们造成的影响，远不是让我们成长，而是让我们一蹶不振。一句“感谢那个伤害你的人”，轻描淡写了多少被伤害者所经历的酸楚，这个好不容易没被打死的小强，又有多少次徘徊在“死亡”的边缘上？

我是一个文字工作者。不夸张地说，几乎每一篇文章都可以很顺畅地表达观点，有人因此说：“你语言表达能力真好！”

当然这个夸我的人，一定没有真的和我接触过！因为只要和我面对面，他一定会很想收回这句夸奖我的美言！

因为，我的口头表达能力，几乎可以说糟糕透了！从事文字工作的我，可能对着电脑，对着本子能够奋笔疾书，但我对着人尤其是对着老师、领导，几乎就像个傻瓜一样，支支吾吾，结结巴巴，明明内心波澜壮阔、千言万语，但表面上却是一潭死水，毫无生机。

为什么会这样？

没错！因为我被持续性打击伤害过！而且不幸的是，我是那个绝大多数——对打击有严重的心理阴影的战败者。

故事发生在我的初中，当时有一个老师，因为我不愿意去他家补课，于是便在班上各种为难我：上课时，即使在全班同学都不举手，只有我一个人举手时，她也不会点我回答问题，宁可随机叫一个同学；我的作业一旦写得不好，他就会发脾气，把我的本子撕掉，罚抄一百遍；如果我找他问问题，他一定会说，你没带脑袋来上课吗？这么容易的问题也要问？如果我和他喜欢的同学发生了争执，哪怕我是对的，他也一定会护着那个同学，而对我劈头痛批……

起初我会找他理论，也会振振有词地为自己申辩，但每一次都被打击到体无完肤，最后我再也不敢说话，甚至也不敢和同学起争执，哪怕是争论，因为无论对错，都是我错！

所以，我才不要感谢那些伤害我的人。如果今天我过得很好，我要感谢的是强大的自己，因为我是如此努力，才能艰难地走到现在。

对于过往的伤害，我可以做到释怀；对于伤害我的人，我尽量做到原谅，但我不要感谢，我也不必感谢。

如果合群会让你讨厌自己

好友D来到新单位没多久，就开始纠结要不要辞职了。

“这份工作，我是很喜欢的，但人际关系，快让我崩溃。”D说。

D是一个非常积极向上，事业心也很重的姑娘，她非常渴望在工作上取得一定成绩，并获得他人认可。为了让自己的能力得到提升，她辞去了老家原本安稳的工作，独自一人来到北京打拼，并成功进了一家大企业。让她没想到的是，原本只是抱着学习的心态跳槽的D，竟然得到了公司高管的重视，给她安排了一个非常重要的岗位。面对突如其来的“优待”，D又惊又喜又生怵。

“一方面，我怕这种破格升职让其他同事不服；另一方面，我也怕自己能力不足，担不起重担，让领导失望。”D说，“不过我也不想放弃这次机会，我觉得很难得。”

为了干好这份工作，D加班加点地自学，同时也尽量在同事面前表现出低调的姿态，逢人老师长老师短地喊，她以为“伸手不打笑脸人”，礼貌谦逊待人可以为她减少阻力。

然而，她的努力并没有得到大家的认可。下至和她同一批进公司的新员工，上至在公司干了数十年的老员工，都对她不理不睬。“他们抱团排挤我，我真的快崩溃了。有段时间，我都不想去公司了。我真的不明白，我什么都没做，也没有伤害过任何人，为什么他们要讨厌我？”

不过想到领导对自己寄予的厚望，想到人们常常说的那句“优秀的人通常不合群”，D坚持下来了。直到有一天，直属领导把她叫去办公室说：“你要努力合群啊！很多人反映你不合群。”

D说：“每个人都有自己的喜恶，我无法强求人人都喜欢我。”

领导说：“如果大家都不喜欢你，就是你的问题了！”

D被领导的这句话给堵住了。是啊，如果所有人都不喜欢自己，那还有什么借口说自己没问题呢？D问领导：“我做了我能做的一切，我不知道，我还能做什么才能让大家喜欢我？”

领导说：“你就显得和大家一样就好了，比如大家玩的时候，你也一起玩，别一个人端着，坐在旁边看书。”

领导的建议，D表示接受。她心想，大家不喜欢她的原因，大概就是她不太爱掺和同事之间的闲聊，因为她总想抓紧时间学习。

在接下来的时间里，D尝试过进一步走近同事们，主动参与同事之间的闲聊，甚至自掏腰包邀约同事去唱K。然而，D的每一次主动融入，都被打脸——参与同事之间的闲聊，人家感觉她说不到点儿上，邀同事聚会，人家都以没空推脱。

“我到底不是机器人，面对别人的冷脸，我最多做到忍耐和客气，要我恬不知耻地凑上去笑，我真的很难做到。而且这段时间，我的努力‘合群’，不仅没有缓解我和同事之间的嫌隙，反而让自己看书的时间也没有了，进一步增加了我的焦虑，我到底该怎么做？我每一天都很煎熬！”D神情痛苦地向我倾诉。

我说：“其实，我遇到很多人，包括我自己，都有过被标签‘不合群’

的经历。很多人都是因为无法融入当下圈子的氛围，才选择离开的。”

D说：“你的意思是让我离开吗？可是，我很喜欢这份工作啊！除了人际关系这一点，其他方面我都很满意。我只想改善人际关系。我可以让大家喜欢我吗？”

我说：“你已经尝试过了，不是吗？而你的这些尝试并没有让你的现状更好。”

D说：“那就没有办法了吗？就如领导所说，如果大家都不喜欢我，就是我的问题了！”

我说：“那什么是‘大家’呢？我就很喜欢你啊。除了我，你是不是也有很多朋友呢？”

D立刻点点头。

我继续说：“所以，你们领导口中的‘你不合群’只是不合某些群，并不是不合所有群。就好像四个人中，三人打游戏，你不打，你看上去就是不合群了；可是世界上不打游戏的人那么多，在不打游戏的群里，你是不是又合群了呢？”

D说：“那我还要不要坚持这份工作呢？这份工作我真的很喜欢啊！”

我说：“我想问你，如果这种工作状态一直持续下去，你会怎样？”

D说：“我会崩溃。一味委屈压抑自己迎合他人，我最后不是人格分裂，大概也会变成自己都不喜欢的人。事实上，我每次违心地加入不想讨论的话题，都感到很压抑。我觉得时间很珍贵，我想提升自己——而这也是我来这家公司的目的。”

我说：“嗯。很明显，你有两个动机，一个是提升自己的动机，另一个是拓展人际的动机，而这两个动机在你现在的状态中是相互矛盾的。人们累往往就是累在动机太多，而动机间又相互矛盾。所以，想要快乐地工作生活，就要给自己的动机减负，或者让两个动机能够相互促进。比如说，你和一群都喜欢看书的朋友一起工作，大概就会愉快得多。”

D想了想说：“我刚跳槽，又跳槽会不会不好？下个用人单位怕是都不敢要我了吧？”

我说：“你只是一直在寻找最合适自己的那个岗位而已，而不是心猿意马才跳槽。在下个单位面试时，坦诚地告诉对方这一点，对方会理解的。”

D认真地点了点头。我知道D已经找到了答案。果不其然，第二天她就和我说，已经递上了辞呈。

现在的D不仅在新单位找到了志趣相投的朋友，也成了单位的中坚力量。

有些人走了，不必追

一个在青旅认识的姑娘，很纠结地和我分享了她的故事。她说，自己有一个从小玩到大的好友，读大学后两人关系就越来越远。起初逢年过节，大家还会约出来聚聚，可现在即使约了，对方也不乐意出来，而自己也觉得这种邀请成了彼此的负担，因为即使两人坐在快餐店双人桌的两侧，四目也不再相对，而是各自玩着各自的手机。

姑娘很难受，她不明白为什么两个人会如此疏远。她跟朋友讲最近有什么书会活动，朋友眼神会透露出完全无趣的神态，而朋友的圈子她也进不去。姑娘也曾试图改变自己、挽回友情。但她发现，刻意讨好让彼此都很不自在。

这种感受，这些年，我也愈发感觉明显。自从微信红起来，我被拉入了各种各样的朋友群、亲友群。起初，在群里看到很多很久没有联系的儿时好友时，会倍感兴奋亲切。可是聊着聊着，大家便沉默了，说来说去还是那些陈年旧事。如果有人在群里转了一条他认为有价值的文章，大家讨论会儿也都因话不投机不欢而散，甚至有人默默退群。最后，心心念念找回的旧友，就这样又“失联”了。

以前睡在一个被窝里说悄悄话的朋友，如今怎么会变得如此尴尬？

姑娘说：“朋友走散，大概还是价值观越来越不一样吧。我们随着年纪增长，价值观取向差异越来越大，观念的鸿沟也越来越深，所以才总觉得话不投机半句多吧。”

可我觉得，倒不必也上升到价值观层面。通常而言，价值观只要不是对立，我们还是能够好好说话的，不然为什么有些经历过上山下乡的知识青年也能和当地的老农民建立起友谊呢？

有得聊，终究还是需要有共同话题的！真正让我们疏远的归根结底还是生活交集越来越少——我们去到不同的城市，认识不同的人，从事不同的工作，双方能聊到一起的话题也就越来越少。坐下来，彼此先寒暄几句，然后再扒一扒说烂了的陈年往事，最后便搜肠刮肚也难以维序一场有得聊的对话，不看手机还能干啥？

不过，也正如龙应台在《亲爱的安德烈》里对儿子说的那样：“人生，其实像一条从宽阔的平原走进森林的路。在平原上同伴可以结伙而行，欢乐地前推后挤、相濡以沫；一旦进入森林，草丛和荆棘挡路，情形就变了，各人专心走各人的路，寻找各人的方向。那推推挤挤同唱同乐的群体情感，那无忧无虑无猜忌的同僚深情，在人的一生之中也只有少年期有。”即便我们因为工作生活，彼此之间的距离越来越远，当有人让我填写“你最要好的朋友时”，我大概依然会写上过去那些已然过气的死党，因为曾经坚不可摧、毫无猜忌的童年友谊让我心中有那一份安全感，我知道我始终有着这个朋友在背后。当然，这只是我设想出来的假象，倘若我回头，我其实也会发现这个朋友其实并不在，正如每次聚会时的失落。

所以啊，年少的朋友，要不就多聚聚保持彼此的交集，要不就干脆不见面，让这份幻想不被现实浇灭，让我们曾经的友谊，铸成我们安全感的港湾。有些人走了，不必追。

放下自己

当你的自我膨胀，你的痛苦就来了

我曾经被人穿小鞋，不得不辞职。当时，有个好友试图安慰我：“这没什么大不了的，你有本事，不怕找不到工作的。”

虽然感激对方的关心，然而说实话，这样的安慰对我并没有起到多大的作用——毕竟这种道理谁不知道呢?

痛不在自己身上，很难真正做到感同身受。当然，我理解好友苍白无力的安慰。毕竟于他而言，安不安慰是态度问题，而如何安慰则是能力问题。所以无论安慰效果如何，表达安慰的态度是第一要紧的。

我笑笑，然后与好友别过了。

几个月后，好友遇到了类似的职场难题。不过，他的情况并没有我这么糟糕——他的条线被减少了（也就是说，工作岗位没原来重要）。

他有些郁郁地和我诉苦：“受这件事情影响，最近状态不太好。大概是没有安全感了吧。”

当时，我准备脱口而出：“怎么会，你有本事，大不了就是换一份工作嘛！”

“大不了就是换一份工作！”——这句话和他当初安慰我的那句话多么相似啊！我知道这样的言语对当事人毫无益处，于是话到嘴边又咽下了。

生活中人们往往就是这样，事情发生在别人身上，都劝得特别好，而事情到了自己身上，哪怕是痛苦稍微小一些，都觉得受不了。

为什么？有一天我终于想明白了：有这种想法的人内心深处其实是觉得自己不该承受这痛苦。

你看，当你的自我膨胀，你的痛苦就来了。

一个只考虑自己的人，是无法获得快乐的

我们常常讴歌母爱的伟大，但不是所有母亲都能做到这一点。

听过这样一个案例，一个年轻的妈妈自称有产后抑郁症，来找心理医生寻求帮助。

医生问，怎么抑郁了？

这位妈妈说，生完孩子后常常为带孩子的事儿感到不安：自己带孩子，怕带不好被人说；请保姆，又怕孩子不亲自己；让父母帮忙，又怕过多干涉自己教育孩子……

听完这位妈妈的叙述，医生感叹：这哪里是抑郁症，这分明是焦虑症。而焦虑的源头就在于这位妈妈心里装着的不是宝宝，而是自己——她所有担心的出发点都是自己的得失。而人如果只爱自己，是不会得到幸福的。因为一个只装着自己的人，就会充满欲望，欲望满足不了就焦虑，满足了又欲壑难填，想要更多。

于是，永远都在焦虑。

不自由下的自由

电影《间谍同盟》讲的是二战期间，两个异国间谍为执行同一刺杀任务，将二人紧紧地捆绑在一起。

人因相似性而彼此吸引。

角色的相似本就有益于两人的惺惺相惜，加之互为夫妻的角色扮演，真空角色下的彼此信任，假戏真做也是常有之事。

在朝不保夕的年代，严肃的男主和妖娆的女主，选择了互为伴侣。

如果故事到此，便是happy ending。但快乐的结局终究难成动人的故事。

55分钟处（大概全影片的2/5处），一个消息犹如晴天霹雳——男主被告知，妻子可能是双重间谍，而这样的反转也让影片有了张力。

我问旁边一起观影的男友："如果你是男主，会把女主杀了吗？"

男友回答："当然是爱情重要，我会带她逃走。"

要国家还是要爱人？要小情还是要大义？

这个问题并不难回答。

事实上，男主面对的真正难题是：假设枕边人果真是间谍，那自己到底是被利用的工具还是对方心中的爱人？这份感情到底是不是真的？如果不是真的，这些年岂不都是笑话？这段时光到底对我意味着什么？毕竟，我是谁，我从哪里来，我到哪里去？是人的终极命题。如果不能回答好这些问题，自我认同感就无法形成，进而产生角色混乱。

这大概也是男主此后不断通过各种渠道求证女主是否是间谍的深层原因。

但故事中的几个细节告诉我们，感情大概是真的。

比如：当炮弹来时，女主虽然刚与男主发生争执，已经意识到被怀疑，但依然奋不顾身，不假思索地用生命护住了孩子。

尤其是在影片末尾，作者以女主书信遗言式独白的方式，正面回应了这个问题。女主说："马克斯，我的爱人，你就是我的世界。"

但影片中仍然留了一个问题：女主是在与男主婚后相处过程中，假戏真做，日久生情；还是早就爱上了男主，由于自己身份的无奈，被迫盗取军情？

这是个先有鸡还是先有蛋的问题。

——亦是人常常所困扰的事情：比如，她是因为我的钱才爱我吗？他是因为我的貌才爱我吗？

其实，张爱玲的短篇小说《封锁》讨论的正是这个问题。同是战争年代的1943年，同是非常态的情境下（男女主角被人为地设立在封锁的处境中），男主吕宗桢和女主吴翠远产生了暧昧情愫。

这感情是真的吗？

是男女主角无事可做之下，闲着无聊萌生出的爱意？选择有限（被封锁的状态，可供选择的对象有限）下的"饥不择食"？抑或是封锁状态让彼此脱离了原有的社会角色，做了自己心中真实的自己？这种封锁下的状态，到底是让人的本性释放，还是毫无责任感的一场游戏？

这些问题，读者一直乐此不疲地讨论着。但可以确定的一点是：当封锁解除后，二人终究回归了原有的生活。

战争年代的非常态体验恐怕我们都很难经历，但我们一定经历过类似的场景：小时候的扮家家。此情境中的感情，到底是真是假呢？

莎翁曾说，世界是一个舞台，所有的男男女女不过是一些演员——这话正是上述问题的回应：我们都是演员，不同社会情境下的演员。

既然这样，什么是真，什么是假？

社会情境我们是无从选择的，所以我们能选择的只有自己的体验、自己的心跳、自己的情绪。

影片的态度亦是如此：虽然此前百般纠结，但在确定女主确为间谍之时，男主依然选择带其逃亡。男主的内心OS大概是：她过去是谁不重要。她为何嫁我不重要。重要的是，她此刻是我的爱人、我孩子的母亲。

回到上面一个问题：她是因为我的钱才爱我吗？他是因为我的貌才爱我吗？

一样的道理。

事实上，我们都是不自由的。虽然相比影片中男女主角的情境，相比《封锁》中男女主角的情境，我们看似自由很多。但实际上，我们的社会规范，甚至我们的基因早就替我们做了各种选择，我们依然活在一个不为我们所控的社会中，只是我们对此无意识罢了。

——为了种群的存活，我们必然会选择与优质基因结合，而爱财或爱貌，本就是人性。

尊重人性，活在当下，是我们不自由下唯一的自由。

后 记

放下执念，获得自由

曾经的我其实并不胖，却因为不接纳自己，有着强烈的形体焦虑。为了追求单一的瘦我盲目节食，以致得了暴食症，还因此住院。

不过出院后，我的形体焦虑不仅没有消失，反而因为住院期间身材真的走形，而变得更加烦恼。只是这个时候的我，也不敢再节食减肥了。

出院后，我想了很多其他的方法减肥。其间，有营养师建议我吃饭吃七分饱，说这样有利于养成良好的饮食习惯，帮助我减轻体重。

不过，这个建议对我来说，几乎没有用。因为我根本不知道什么是七分饱，甚至我连饱和饿都分不清，我没有饥饿感，也没有饱腹感——越在意体重，越难以减肥。

什么时候，我瘦下来了呢？

当我不再关注的体重数字的时候。具体什么时间点，我记不清了，反正就是在我情绪几乎恢复平稳，当我逐渐接纳自己的时候，那时的我该吃吃该睡睡，也没那么在乎形体了——当一切变得正常了之后，我反而知道什么是饿、什么是饱。当自己有了这种感觉的时候，其实就能够正常调整自己的饮食了。

所以，放下执念，很多病都能自愈。

另外，由于在本书中我提到住院对我的效果并不明显，担心造成读者误会，因此我以为非常有必要做以下说明：

第一，住院效果对我不好，并不代表有病不该住院。事实上我也不能保证，如果没有接受精神病医院的治疗，我的状况会不会更糟。毕竟治疗是一个持续过程，也许它发挥效果存在滞后性。

其次，我的住院体验不好，也不代表医院或大夫不负责任。我只是希望患者或患者的家属在选择医院和主治医生方面，一定要多下功夫。

第三，虽然我提到精神科药物存在副作用，但并不建议患者盲目排斥服用药物。毕竟在副作用和治病之间，还是治病比较重要。

最后，还有一点需要说明的是：本书涉及的故事我尽量保持了情节的原貌，但正如书中反复强调的——每个人都存在偏见，所以我也只能做到呈现我理解的真实，不能保证客观上的真实。与此同时，我也尽量避开了故事人物的真实信息，对时间、地点等细节进行了处理，希望读者不要对号入座。

临别，愿各位亲爱的读者都能获得精神上的自由与快乐！

晗翌